花园设计者说

27个中外展示花园详解

江胜德 主编

Garden Designers SAY

3年，5大花展，20余位来自全球的设计师，27个中外展示花园，

1场关于花园的跨时空相聚

中国林业出版社
CFPH
China Forestry Publishing House

编辑人员名单

主　　编：江胜德
副 主 编：黄林芳 李熙莉 蔡向阳
编 委 会：程园园 杜家烨 戴丽丽 苏樱 田宏 王林艳 周桂娟
张荷君 赵世英　　（按姓氏汉语拼音先后排序）

图书在版编目（CIP）数据

花园设计者说：27个中外展示花园详解 / 江胜德主编.
-- 北京：中国林业出版社, 2020.11
ISBN 978-7-5219-0915-9
Ⅰ. ①花… Ⅱ. ①江… Ⅲ. ①花园 - 园林设计 Ⅳ. ①TU986.2
中国版本图书馆CIP数据核字(2020)第222964号

策划编辑：何增明 印芳
责任编辑：印芳
出版发行：中国林业出版社有限公司
（100009 北京市西城区刘海胡同7号）
电　　话：010-83143565
印　　刷：北京博海升彩色印刷有限公司
版　　次：2021年1月第1版
印　　次：2021年1月第1次印刷
开　　本：889mm x 1194mm 1/16
印　　张：15
字　　数：380千字
定　　价：198.00元

前言

20世纪末，我第一次出国考察家庭园艺时，被国外的花园生活深深惊艳。到处都是生机盎然的小阳台与小花园，植物与园艺产品随处可见，走在大街小巷，随处都飘散着咖啡融合植物花草的清香，人们就在这样的环境中，愉快地工作和生活。

作为从业者，行走其中，欣赏享受的同时，也会心有不甘：我们为什么不能拥有这样的生活图景？

彼时中国家庭园艺还不知道落脚何处，虽然我们在进口与传播国际优秀的园艺产品，但开初只是以种子种苗的进口推广为主。如何让花园生活场景以最直观的样子和中国消费者亲近，恐怕就是花展。

2004年，虹越就开始办花展，经历了品种展示会、春季花展、美国园艺节的变迁，到了2018年，有了目前的“终极”形态——世界花园大会。

从品种到园艺再到花园，世界花园大会揭开了一个花园时代。

即使抛开对“自家孩子”的滤镜，世界花园大会对于推动花园产业的变革依然起着巨大的作用。它搭建了一座产业间国际沟通的桥梁，引领着国内的花卉产业朝着更为开放、广阔的前景迈进。它既为中国设计师提供了一个进入国际视野、与国际花园设计师竞技、交流的顶级平台，也为国际花园设计师来中国实践展示提供了一个最有效的机会和途径，对于中国的整个花园产业发展不可或缺。我们作为此内容的撮合者，未来将继续一如既往。

世界花园大会以及城市花展，让我们更乐观地看待我们的行业。这些年来，中国的植物花卉产业以及配套的花园资材、花园用品、花园建造和服务产业都在迅速成型中，国际性的花园展会是最好的试金石。比如2019年深圳花展，我们有了国际花园设计师的进驻，他们作品的建造和施工都是与中国合作者合力完成的；2020年世界花园大会，因为疫情的原因，国际设计师与国内合作者通过线上的指导沟通完成了花园的创作。中国的相关产业已经完全能够支撑国际顶级设计师项目的落地。

我们对我们的花园产业充满信心，如何将这份信心传递，也就有了这本书。

书里的27个展示花园，是虹越从2018年到2020年积累与记录，历时1年的编写寻访最终成稿。只要你打开，你可以很欣然地发现这几年来，展会花园的质量在不断提高，不仅是技艺的提高，而且设计师的思路与眼界都在变得更加开阔，我们不断地朝着花园无处不在的生活靠近。

虽然展示花园的时间有限，但是书籍的力量是恒久。我们相信，这本书可以成为一个火种，通过不断的传递，将黑暗照亮，到最后也许读者会发现，原来自己内心一直有一个关于花园生活的“隐秘角落”未曾被发现。

2020年11月6日

Garden Designers Say

CONTENTS

目录

DESIGN

第一章

序曲
花园巡礼

THE GARDEN PARADE

THE GARDEN PARADE

到今天，我们终于可以坐下来好好谈谈花园。

花园的世界时空之旅

花园自古已有，我们可以在公元前2700多年的埃及壁画里找寻到最初的惊鸿一瞥，也可以从已经消失了的古巴比伦空中花园中来想象它。想象有多瑰丽，花园就有多瑰丽。

毋庸置疑的一点是，花园在西方得到了更好的发展，这有经济的原因——经济基础上来之后人们才有余力追求这些上层建筑。随着时间流转，花园不仅变幻出了更加丰富的风格与流派，甚至成了生活的一部分。不管你是王公还是平民，日常生活里，你家门口的庭院没打理好是要遭邻居投诉的。

西方在花园或者说在园艺力量上的强大也能够体现在花展上，以最老牌的园艺大国英国为例，切尔西花展始于1862年，迄今已经有了150余年的历史，成为了每年王室捧场、全国热恋的活动，设计师们通过这个平台传递一些全新的设计理念与社会思考，观众看到、感受到并表示支持，开始实施之后，就形成了一个喜闻乐见的双赢局面。

后来就要居上

在国内，花园与花展的起步都比较晚，这是每一个园艺与花园从业者的感受，但是现代社会文明的高速发展与全球联系的进一步紧密让我们发现了更多新的讯息，原来还有这么多优秀美丽的植物品种我们没有见过，原来花园还可以这样应用这样造，原来花展也可以有如此多样的形式。

当然，见到差距就更需要奋起直追，虹越2000年成立，2004年开始了第一届的品种展示会，当时只是以展示我们来自各国的供应商产品为主。不过那时虹越已经在主力培养自己的设计师团队，2001年的中国花卉博览会，虹越负责设计施工的浙江省参赛作品“之园”和“浙江花卉”室内展馆双双获得金奖，这于虹越而言是一个非常重要的经历。

虹越的品种展示会差不多以每年一届的节奏举行，随着时间的推移，产品、形式也顺应着家庭园艺的发展态势在不断升级，顺应着家庭园艺的发展态势。于是2018年成了一个非常重要的节点，它是我们所有的积累到一个爆发的节点，也是我们这本书的一个起点与缘由——2018年第一届世界花园大会正式举办了。

世界花园大会完成了许多第一次的创举，16个设计师花园的体量几乎是国内的第一次，相信对于我们的园艺爱好者来说也是耳目一新的：终于不用跑去国外看花园了，这些会在对应部分细细详说。

若说2018世界花园大会是一个起点，那2019年的深圳花展则是一个转折点，我们第一次和国外的顶级设计师合作，承接了深圳第一个国际化综合布展的核心区，同年国内的花展也成为了国际设计师们同台竞技的平台。

从2018年到2020年，展示花园已经完成了一个质的飞跃。2020世界花园大会是国内设计师的高光时刻，与2018年作对比，设计师的思想高度与设计水准都有了显著的提高，不同风格的自由争鸣让我们也有了去追逐切尔西的信心。

展示花园的发展与国内家庭园艺、私家花园的普及息息相关，两方不是角逐而是互相助力的角色。所以若是有花友因为这本书而产生了造园的想法与灵感，这是最让人欣慰的事了。

2018世界花园大会

2019世界花园大会

粤港澳大湾区 2019深圳花展

2019世界名花展

2020世界花园大会

第二章

赋格曲

2018世界花园大会

展期时间：

2018/4/27-2018/5/3

赋格曲：拉丁文意味追逐与飞翔。
2018世界花园大会，
虹越展会努力在国际上发出的第一声声响。

2.1 起兴
BACKGROUND OF THE SHOW

2018世界花园大会玫瑰园

2018年，由海宁市人民政府主办，第一届世界花园大会在海宁长安启动，正式吹响了花园生活的号角。

探国际新资源，求零售新商机，谋合作新飞跃，2018世界花园大会吸引着来自中国、美国、英国、荷兰、法国、比利时、德国、芬兰等 50 余个国家的上千名精英人员前来参会参展，新课题、新品种、新应用，万花迷眼，盛况可谓空前。

无论是与会国家的参与规模，还是首创“会+展”形式，世界花园大会都构建了一座园艺跨国际间交流的桥梁：“峰会”聚焦家庭园艺风向标，提高行业高度；“分论坛”细分命题，从植物品类、应用到产品营销，拓展行业广度。世界花园大会，与全球无数园艺人共同推进家庭园艺与花园生活时代的落地生根，繁盛绽放。

“展”作为世界花园大会的重要因素，也扭转了固化在人们心中纯品种堆砌的固有观念，而更趋向于植物的灵活应用，为家庭园艺生活带来更多的选择与种植灵感。虹越遍布200多个国家与地区的海外供应商更是来到他们各自的展位助阵，国际浪潮的汇流推动中国园艺朝着更好的方向奔涌向前。

更重要的，还有花园。这一届的世界花园大会，共有16个设计师花园在户外展出，在虹越的花展花园历程里留下了浓墨重彩的第一笔。

2.2 风·韵

ELEGANCE AND SONG

2018年1月初，世界花园大会正式发布了户外花园的设计主题：脱胎于“风雅颂”的风·韵——花园设计师将站在单元独立人的角度来诠释音乐或自然声音的直觉感受，将“声音”到具象化为更多层次的花园、花境、花卉感受体验。

花园设计师可以：

- 运用花园的构成元素（水体、构架、灯光、园路、植物等），使用熟谙的花园语言来诠释人工或者自然的声音对个人情绪、情感的冲击、共鸣、共振等等；
- 应用花卉的语言（等级观念、性格、文化象征、色彩、株型、叶形、质感、季候变化、地栽、盆栽、花艺等）来翻译声音这个具体维度。 例如：音乐的节奏、旋律通过花境团块的节奏形式展现。
- 通过花卉与器形的演化历史的还原、展现或者创新表达。

在此命题下，16个花展花园，呈现一场绝无仅有，打破定义边界的声画之美。

漫客花园

君·澜“漫”步花园

荟美花园

REST GARDEN

憩园

花展项目：2018世界花园大会
花园面积：150㎡
花园设计：吴芝音/范菲菲

“岁月本长而忙者自促”，憩园为所有忙碌的人寻求一个可以自在随性的休憩场所，全新的异域风格带你重新感受岁月悠长，让生活慢下来。通过沙砾、木艺、野趣等不同风格的景观节点相互叠加，以及层次与色彩变化丰富的花境衬托，游览者能够从移步换景中获得心灵的安宁与自然的乐趣。

The years are long but the busy man just feels the time flying. So the Rest Garden aims to provide a place to relax for all the people. Go back to feel this wonderful world and slow down the pace of your life with the whole new exotic style. Through the combination of different landscape style with gravel, wooden art，rustic look , as well as the colorful flower borders with varying levels and colors，visitors can obtain the peace and fun of the nature from moving around to different scenes.

关于设计师
ABOUT THE DESIGNER

吴芝音

—

中国

- 吴芝音，上海恒艺园林创始人，以及国内花境行业领军人物、实践者与创新者，2002年就开始从事花境设计和推广工作，是国内第一批“花境人”。
- 吴芝音在上海区域花境作品连续十余年获得上海白玉兰奖，其创新的中国特色“长效混合型花境”更是获得高度认可和广泛推广，至今仍是业界学习典范。

作品展示

上海闵行体育公园花境、上海清涧公园花境、上海黄浦滨江七园专类主题花境、宁波植物园“进化之路”花境、贵阳红叶谷岩石园、重庆大学图书馆等。

上海松江醉白池公园

上海松江清涧公园

上海普陀芝川路

上海建德西郊别墅

上海普陀园林局屋顶花园

REST
GARDEN

设计者说：花园万花筒

INTERPRETATION OF THE GARDEN

花园虽小，却也由艺术木墙、沙砾花园、野趣花园、艺术景墙、下沉花园、旱溪花园花境、雨水花园花境、树桩艺术墙数个景观节点组成，小小花园包含四方天地，每走一步获得宛如旋转花园万花筒时的乐趣。

在这样一个憩息小园中，砂砾小径和植物花卉顺其自然而生，硕大又多彩的蜻蜓停留于此，保留树根原有形态后加以艺术加工的树桩点缀其中，呈现别具一格的原生态野趣与自然界中千姿百态的原生力量。

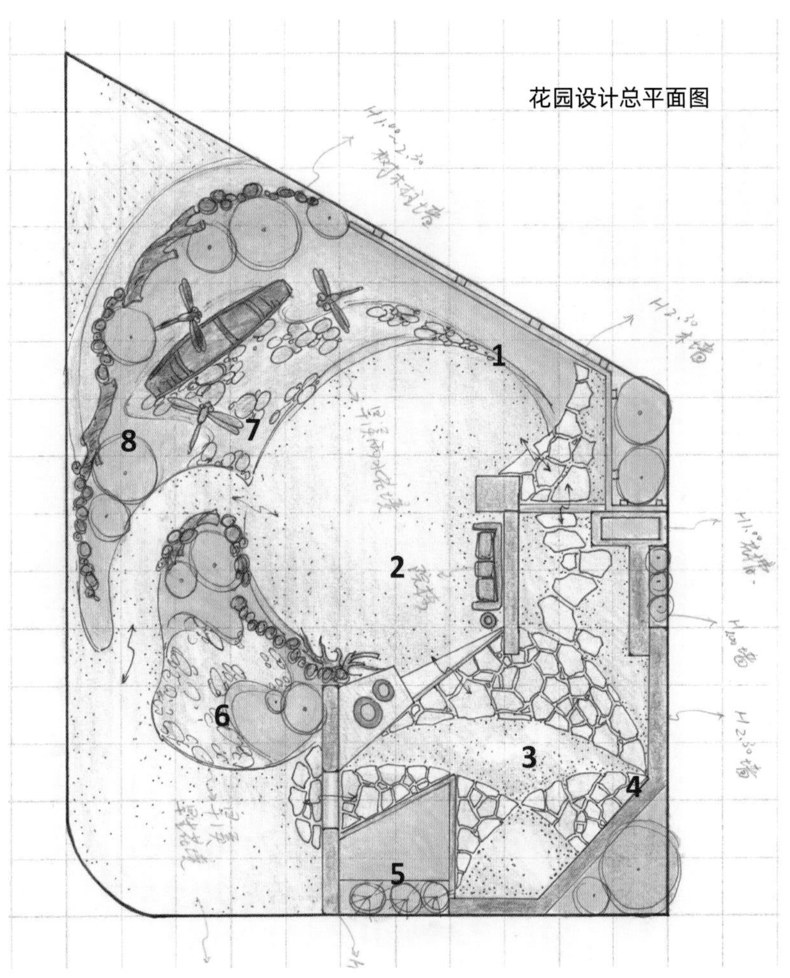

图例

1. 艺术木墙
2. 砂砾花园
3. 野趣花园
4. 艺术景墙
5. 下沉花园
6. 旱溪花园花境
7. 雨水花园花境
8. 树桩艺术墙

造园记：群落中的个体美

GARDEN MAKING

憩园一步一景的关键在于充分利用花镜填充，呈现不同的空间感，营造不同的视觉效果与感官体验。

整体植物搭配

在植物的选材上，主要考虑花色的搭配，叶形的结合，以及疏密层次的把控，植物品种不多，更多的是考虑专类品种的展示，根据现场环境，将不同的植物种植在适合它的位置。

入口处

以粉色小花康乃馨和黄色鬼针草为主花丛，用对比色引人注意，同时加入成片种植的羽扇豆，整体增大花园的空间尺度。

进入花园

以两个颜色的凤仙“桑贝斯”作为主花材，用近似色增强整个花园色彩的饱和度。

内廷区

内廷区花园又是另一番景象，没了百花争艳，用不同品种的玉簪和八仙花，以点植的形式种植，让人心生宁静。

从入口处的百花争艳，到内庭区的清新淡雅，在保持整体风格和谐养眼的同时，更调动每一株植物的特质与风格，表现群落美的同时展现个体美，让每一个时刻的相遇都风光无限。

花境中的花园

花园入口处

花园小景

花园内庭区

花园入口处

花园前景

SEEING VOICES

看见声音

花展项目：2018世界花园大会
花园面积：144㎡
花园设计：俞啸锋

身体健康的人能够听到声音，欣赏音乐带来的愉悦感；但不幸失聪的人，如何识别声音，欣赏音乐呢？我相信艺术是相通的，可以通过看，获取声音、音乐带来的愉悦感，譬如律动的色彩与灵性的植物。花园将通过音乐的形状、空间、层次、材质、节奏与色彩来还原声音的世界。

Healthy people can hear the sound and enjoy the pleasure brought by music; but how about people who are unfortunately deaf to recognize the sound and appreciate music? I believe that art can be a kind of synesthesia, like the rhythm of the color, the spirit of the plant. And you can get the pleasure of sound and music by looking. Therefore the garden will restore the world of sound through the shape, space, level, material, rhythm and color of music.

设计，无处不在

ABOUT THE DESIGNER

俞啸锋

—

中国

· 杭州大鱼景观设计有限公司设计总监，拥有10年高端私家花园造园经验;
· 崇尚“设计源于生活” 的造园理念;
· 作品中往往能够呈现对植物材料的精通应用，从用户角度出发呈现花园景致的人文关怀。

荣誉

· 主持项目《都市梦田》荣获2016唐山世界园艺博览会花境比赛最高奖：花境景观综合竞赛组大奖+花境景观创新奖。
· 《城中山居》获得造园行业第二届园集奖优秀作品奖。
· 作品《看见声音》获首届世界花园大会风尚奖&第一届西湖花园节慈善花园奖。
· 《璞丽空中花园》荣获2019年度园集奖优秀屋顶花园奖。
· 花展作品《愈》荣获2020花园大会镀金奖。

经典案例

· 杭州万丽璞丽屋顶花园、杭州和家园屋顶花园、杭州龙湖滟澜山、杭州九龙仓碧玺洋房花园。
· 海宁百合新城别墅花园、海宁银泰城屋顶景观布置、盐仓星星港湾花园、海宁上城蝶园花园、盛泽豪门府邸、嘉兴香缇世家、嘉兴当代华府、上海山水世纪、温州国际花园。
· 昆山绿地21城、阿里巴巴等大型展会场景布置。

作品展示

虹越花卉金筑园 八仙坊

2016唐山世界园艺博览会花境展赛“都市梦田”

温州国际花园别墅庭院设计

万丽璞丽屋顶花园

城中山居

城中山居

厂房屋顶花园

厂房屋顶花园

SEEING VOICES

设计者说：彩色的声音装在花园里

INTERPRETATION OF THE GARDEN

“通感症”说是疾病，但若运用得当，仍能迸发出绚丽的花火。
假若听不见声音，你同样可以从视觉上来体验到不一般的声音。

编辑部：“为什么会想到用看见声音来创作这个花园呢？”

俞啸峰：“早些时候在网络上看到一关于“通感症患者”奇特天赋的报道：在美国有一位叫Melissa McCracken的姑娘，她拥有一个神奇的本领：当她听到音乐时，眼前就会出现抽象的色彩及画面；当她看到画面时，耳朵里就会跳动着相应的旋律。

在这个设计中，我想将大众的视线引向那些不幸失聪的人们。我们很幸运可以听到声音，可以欣赏由旋律带来的各种情绪变化；可是如果我们听不见，我们应该如何来辨别声音、欣赏音乐呢？我相信艺术会给人带来相同的通感，眼中所见的自然色彩会化身音符带来平静甚至激昂的旋律！”

花园内廷结构效果图

花园南侧立面效果图

造园记：音乐，画面，语言
GARDEN MAKING

你可以不用明白画面中具体的内容，
不用了解画面中每棵植物的品种及特性，
但你能感受到自然音符带来的力量和节奏感，
能感受色彩表现的音乐起伏婉转。
我们只能简单的将其传达：此时，无声胜有声！

声音的象形

do,re,mi,fa,so,la,si 这是乐谱上跳动着的灵魂

花园整体用了“象形设计”，动用了大量的音乐元素来呼应主题：
高音谱号、五线谱、琴键坐凳、似音符跳动着的球灌植物加上一个硕大的琴键框架。
借用乐谱里的高音谱号，变形处理过后作为整体的动线脉络设计，俯瞰尤为明显。
在这个花园中设计师用了川滇蜡树的棒棒糖高低不同的布置来串联5个五线谱区域，恰好7个棒棒糖寓意7个音符一样，撒落在五线谱上，由园艺的力量谱出一段自然之歌。

音符在花园中的化用

回旋的舞步

重复的旋律更能有代入感

重复让“音符”间变得更加有秩序，当我们听到它时，会被音乐有节奏的律动性带动着，
让人们沉浸在想象中，思考着下一章节会是自己想象的样子吗。
所以在花园中，我用镜面不锈钢作为整个花园的边界，
花园的视觉边界无限放大，同时又能让乐曲的各个章节（植物群落）的每一面都可以被观赏到。
环形围合的音乐空间，一环扣一环，层出不穷，步入其中，更能身临其境。

明亮的合奏

避免表达的设计初衷被刻画得过分灰暗

在整体设计中用了鲜明的对比色：
灰黑色铝板花坛代表音阶上的低音部分，低沉浑厚、悲哀伤感，
植物色彩上搭配浓烈的色彩基调（红色调），赋予声音生命力，给人以厚实的力量感犹如低音部给人带来的震撼感；
而柠檬色铝板则代表音阶上的高音部，欣悦激昂，用明亮轻快的黄绿白色调绿植来贴合这一部分的观感情绪。

花园中的钢琴键

儿童在花园中嬉戏

岁月的层次

无论蹒跚学步的孩童或是耄耋之年的老人都能乐在其中

“初为人父的我，在设计中时常会从娃的角度来观察一些功能、需求上的问题：
如何能让一个刚会走路的娃也能乐在其中，与这些音符有一些互动呢？”
考虑到观者的年龄层次以及合影留念的取景角度：
5个高低不同的种植区域代表五线谱划分出的五个音高。
5个种植空间中都用了相似的植物种类，但以不一样的配色和节奏来分别布置。
创造不一样的观感来让大家看见声音、看见音乐。

花园入口实景

花园南侧实景

花园植物应用

BREATHING TIMES

会呼吸的时光

花展项目：2018世界花园大会
花园面积：150m²
花园设计：花园集

每一个花园和庭院都应该具有自己的精神世界，就如每个人有各自不同的内心世界，喜好和习惯倾向。所以我们设计了这个花园，花园中半规则的亲水平台和景观廊架、自然形态的水系、层次高低错落的植物都有自己的个性与思想，形成和谐统一的空间氛围。

Every garden should have its own spiritual world, just like people of different inner world, while hobbies and habits tend to vary from person to person. Therefore, we designed this garden. In the garden, semi-regular platform by the waterside, the corridors, the natural water system, the plants of different layer have their own characteristics , forming a harmonious and unified space atmosphere.

关于设计师
ABOUT THE DESIGNER

设计师：徐杨

- 毕业于清华大学风景园林专业、中国人民大学景观建筑专业；
- 十年以上景观园林设计工作经验，主持大量高端别墅庭院、酒店及会所景观设计项目。

设计单位：花园集

- 花园由设计师、花园集学院第五期庭院植物配置实战班老师与全体学员打造而成。
- 在实战班中，花境和花园营造专家余兴卫老师进行全方位的理论讲解，地形勘探，以及花园的初步设计。
- 棕榈园林研究院首席专家刘坤良老师带来庭院花境与植物设计的实地教学。
- 中国绿化景观新系统设计首创人翁苑钧老师带领大家融会贯通庭院植物的配置要点。
- 而浙江省花卉协会庭院植物与造景研究分会龚振辉老师传授与实际相结合的植物造境方法。
- 玛丽花园创始人覃乐梅老师则让大家一同拆解领略花境植物之美。
- 经过5天的理论巩固与实地操作，全体师生呈现出一座集众心之心的展会花园。

花园档案：喜相逢

PANORAMIC VIEW OF THE GARDEN

花园的出现源自于设计师徐杨偶然去花园集的一次做客，与花园集的创始人郑既枫相谈甚欢，听闻了要打造一个展会花园，正好双方都有对于花园想表达的东西，因而就有了与造园班、与千千万万的游客、与会呼吸的时光，与世界花园大会的喜相逢。

植物掩映下的景观廊架

贯穿花园的路径

造园记：行走的圆环花园

GARDEN MAKING

花园这一次的设计理念，或者说花园的精神所在，就是“行走的圆环花园”。就像人生的轨迹一串，行走其间，遇见各种各样的花园设计元素，遇见各种的人和事，都会印刻成为自己的思想痕迹。对不同坦然认知，对一致和而不同，最终才能构成种种的百花争艳。

花园总平面图

1 入口
2 花镜
3 置石
4 耐候钢板展示
5 阳光草坪
6 植物景观组团
7 防腐木平台
8 耐候钢板景墙
9 户外餐桌
10 廊架
11 亲水平台
12 置石叠水
13 水系
14 石桥
15 碎石铺路

SCALE 1:100 Designer: Alex Xu.

0 1 2 5 10m

圆环

· 花园通过圆环草地的链接形成和谐统一的空间氛围，充分考虑观赏者的需求与游览体验；
· 花园入口有两处，游览者可以通过不同的入口体验不同视角的花园。

花境

· 植物的选择偏英式，丰富的种类、数量和色彩使其比普通的花境更具视觉效果且更有野趣。
· 开花植物的选择以紫色与紫红色系为主，更显活泼，越靠近路边色彩越显丰富。

英式花境

紫色系植物

人居

· 植物之外，花园还打造了自然形态的水系、半规则的亲水平台和景观廊架；
· 白色廊架营造了一个安静的休息空间，且能够通过遥控控制光照，与热闹的植物相映成趣；
· 流水沿着廊架蜿蜒穿过花园，水声潺潺让休憩者有着充分临近自然的体验，也让植物有了更加浮动的层次；
· 底层的玉簪、矮牵牛、露薇花，能够开成一簇一簇一团一团的效果；
· 中层的金鱼草、毛地黄、鲁冰花等，直立性极好，有着极佳的轮廓；
· 更高的枫树，“棒棒糖”，为花园增添新的质感与意趣。

亲水平台和景观廊架

底层植物搭配

自然形态的水系

焕·彩

花展项目：2018世界花园大会
花园面积：100m²
花园设计：杭州朴树造园有限公司 —— 余昌明

- 焕，重生之意，延续他们的价值使命，焕发他们新的价值理念。
- 于是废弃的电风扇、轮胎成为花园的基本元素，以花境的手法营造，将植物以自然、清新的姿态与工业创意品相映成趣，重新焕发他们的光彩。
- 花园小径沿途皆是细碎的花草：优雅的飞燕草、细柔的落新妇、奇特的大花葱、娇贵的百合花……散布在花园各个角落，一展其独有的自然之美，组成连绵的极富变化的自然式花境。
- 淡雅色彩的花卉，给人带来视觉上的舒适与享受。
- 走在花园中，就像在自己家，可以随性地走走、看看。累了，停下来摘朵小花，放在鼻子下嗅一嗅，闭上眼去感受那亲近自然的轻松惬意……

花园小径

老物件再利用

自然花境

如是·观

花展项目：2018世界花园大会
花园面积：100㎡
花园设计：汪有志/周子彤/谢丽凤

- “一切有为法，如梦幻泡影。如露亦如电，应作如是观。”
- 中国的传统民居，不一定有花园，却有天井和院子，院子不仅是你我生活长大的地方，也是书写岁月变迁的地方。
- 此次设计利用江南特色的砖瓦、家具、摆件进行重新整合陈设，赋予废旧材料第二次生命。在空间布局上通过巧妙合理的搭配，把生活中熟悉的生活场景新颖地展示出来。从时空上给人以心底的共鸣的同时，凸显中式院落的友好特质。
- 希望每个来小院做客的朋友都能体会到“如是我闻，如是我见，如是我愿”的质朴情怀。

传统民居式庭院

江南特色摆件

江南特色摆件

阅读一个花园

花展项目：2018世界花园大会
花园面积：70㎡
花园设计：潘健/邱国华

他呈现了一个设计师眼中理想的花园形态：

- 3块铺装构成了花园里的3个空间，一条动线将其贯穿其中；
- 花园里以常绿植物为骨架，各色植物作为点缀；
- 在绣球盛开的夏季，温热的空气中弥漫着大雪压枝的色彩；
- 干燥的卵石上，涓涓留下的泉水为干燥的土地上带来雨露；
- 嘈杂的闹市中，有一块鲜花簇拥的角落可以休憩；
- 拥挤的人潮中，让我们静下心来，阅读一个花园带给你的感受。

花园空间布局

鸟瞰效果图

花园北侧效果图

第三章

协奏曲

粤港澳大湾区·2019深圳花展

展期时间：

2019/3/22-2019/3/31

拉丁文意味竞争与协作。
深圳花展，
国内外设计师的同台竞技与互相促进。

3.1 起兴
BACKGROUND OF THE SHOW

粤港澳大湾区·2019深圳花展注定是中国花展史上浓墨重彩的一笔：

10天71.6万客流量，核心区的室内展馆更是排起了前所未有的长队；以央视为首的主流媒体争先报道，上亿的网络点击量；同时花园、花园设计师，以及展区内呈现的新优品种都引发了长期大规模的讨论。

花展，无疑是3月春光里的最热词汇。

虹越受主办方委托，承接了花展核心区与5座国际花园的布展。在深圳花展之中，虹越整合国际供应商，呈现五大室内场馆，一共展出了514种草花，153种花园植物以及261种盆花，几乎包揽花展中的所有新优品种的呈现，并协助了‘深圳红’月季的全球首发。

而在国际展园，虹越更是牵手了来自四个国家的五位国际花园设计大师打造了五个异彩纷呈的国际花园。这也意味着虹越在花园设计的国际合作上迈出了重要一步，来自国外设计师的优秀设计带来了关于花园的全新维度、启发与灵感。

在合作的国际设计大师与虹越的供应商在深圳花展上大放异彩的同时，虹越也以布展调度能力获得了深圳花展的布展金奖以及杰出布展机构等荣誉。

花展新优品种馆

3.2 城市花园之窗
THROUGH WINDOW TO SEE GARDENS IN THE CITY

花园是一种生活方式，也是看世界的一种视角。

花园是人类的亲自然本能对自然的一种创新化模仿，对生活的诗意临摹。设计师的天马行空让花园有了更加丰富的表现形式，赋予了生活更美好的可能性，忙碌的城市有了呼吸的停驻。它可以是文化间的冲击与融合，它可以是一个城市历史与未来的围观缩影，它还可以是一个城市进程中工业化，艺术与植物的选择；一如一座有着镜面建筑的马孔多，一如在想象力中涌动的静水深流。

花园，点缀在城市之间，时刻展现不一样的花漾生活。

2019深圳花展，虹越携手来自四个国家的五大花园设计师，打开关于美好生活的另一扇窗。

· 海派南洋 —— 【菲律宾】Christopher Edward Eulloran
· 都市森林 —— 【法】James Basson & Helen Basson
· 现代厨房花园 —— 【英】Quentin Davidson
· 秘密花园 —— 【英】Michael Morley
· 水鉴·映象 —— 【日】Tanaka Shuichi

这一次虹越合作的虽然都是在国际展会上身经百战的设计师，但这一次深圳花展格外不同的一点是，花展坐落在深圳的仙湖植物园中，花园布展区有着不平坦的山势而非设计师们习惯的平地，葳蕤的环境给花园提供了一个完美的布景。

花展生活馆

JOURNEY TO SOUTHEAST ASIA

海派南洋

花展项目：粤港澳大湾区·2019深圳花展
花园面积：200㎡
花园设计：Christopher Edward Eulloran

花园中将会有很多有趣的元素体现东南亚悠长而丰富的历史，同时也能展现现代感花园的设计风格。花园的现代元素将通过设计的形状、层次、材料、室外家具和硬质景观元素如水景等来体现。软景则种植了传统热带花园所拥有的植被，它们被分成了三个部分。本次设计的终极目标是通过一个蕴涵了东南亚文化和历史的现代感小花园，向大家展现东南亚人民健康向上、轻松而富有生活气息的日常生活场景。

The Garden will cater interesting elements to represent bits of Southeast Asia's long and rich history, while fusing it with garden design of moderate style.

The modern aspect of the garden will be shown through the shape and layout, material details, outdoor furniture, hardscape elements and waterscape. The softscape part will have the traditional vegetation of a tropical garden, which is divided into three main parts. The ultimate goal is to create a garden that will promote a healthy lifestyle by providing a relaxing and calm ambience while integrating some of Southeast Asia's history and culture into the garden.

关于设计师

ABOUT THE DESIGNER

Christopher Edward Eulloran

菲律宾

2018年，设计师Christopher Edward Eulloran领衔团队征战墨尔本花展，一个名为inspired by time（山荫小筑）的中式花园首次亮相，一举斩获了设计金奖，最佳建造奖和最佳人气奖，成为花园类别的最大赢家。

设计师Edward，出生成长于菲律宾，在中国有着长达12年的景观设计经历与科班出身的建筑设计背景，这也使得他在墨尔本花展中对月洞门、亭榭、山水这些中式的传统意象信手拈来，这幅受时光启迪的山荫小筑，也是时间的针脚对设计师理念留下的印记。

成为设计师的岁月里，中国的风土被时光印刻在设计经历之中，故乡菲律宾代表的东南亚文化历久弥新。他也曾多次参加过澳大利亚、东南亚、中东的景观项目，这让他的花园有了更多层次的表现形式。

作品展示

2018墨尔本花展金奖作品：inspired by time（山荫小筑）

JOURNEY TO SOUTHEAST ASIA

花园水景

花园档案：冲突与融合

PANORAMIC VIEW OF THE GARDEN

包含菲律宾在内的东南亚文化具备另一层面的多样性表达。

当今现存的6000种语言中，约有1000种在东南亚发现。这些语言可能跟着中国南部的原始部落沿着河流的迁徙流动到了大陆内部，也在印度东北部和中国西南部出现，这是不同文化间产生的初次影响。

文化间的第二次嬗变也可引申为文化多样性的一次变革，同样起始于迁徙：东南亚与中国的商人是天生出色的海航员，依靠着对天文的初始印象向着星辰大海前进；大航海时代加速了西方文化的蔓延，而马六甲海峡的发现无意推动了文化多样性的步伐。

从两岸出发，跨越广袤的空间与时间，不同的文化最终在这里相遇，促使着菲律宾发生了许多有趣的关于现代生活方式的变化——设计师Edward将要呈现这一现象，从海派南洋开始。

花园观景台

设计者说：历史与生活日常

INTERPRETATION OF THE GARDEN

“我希望能在深圳这个繁忙的城市里，把东南亚舒适放松的生活方式展现给大家。”

“现代性”一词蕴含了海外文化对东南亚当地传统文化的影响，也贯穿着东南亚人的生活文化：来自印度的明艳色彩，来自中国的独特纹样，来自西方的极简设计。现代风格在当代景观设计中被广泛应用。独特的绘画、工艺、文学和建筑等历史遗韵也仍保留一席之地，深入设计之中，构成东南亚人的当代生活方式。

因此在花园海派南洋中将会有很多有趣的元素体现东南亚悠长而丰富的历史，同时也能展现现代感花园的设计风格。

透视图 海派南洋 PERSPECTIVE JOURNEY TO SOUTHEAST

INDIAN INFLUENCE
印度
（明艳的色彩）

CHINESE INFLUENCE
中国
（独特的纹样）

WESTERN INFLUENCE
西方
（极简的设计）

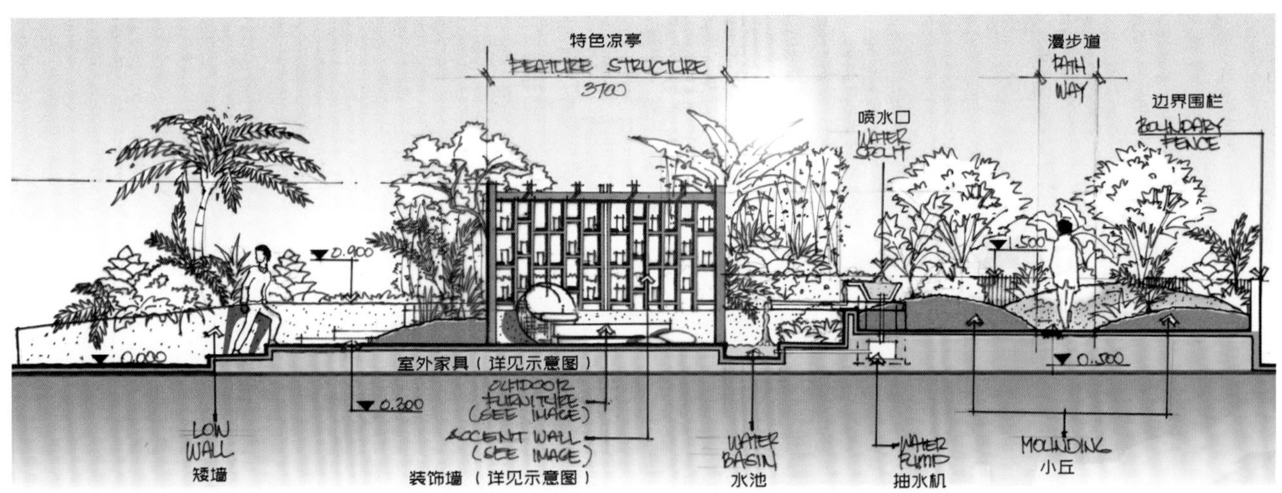

花园剖面图

现代元素将通过设计的形状、层次、材料、室外家具和硬质景观元素等来体现。

软景则种植了传统热带花园的植被，它们被分成了三个部分。

本次设计的终极目标是通过一个蕴涵了东南亚文化和历史的现代感小花园，向大家展现东南亚人民健康向上、轻松而富有生活气息的日常生活场景。

PRELIMINARY SKETCH 初期方案

14 MTS.

PLAN SOUTHEAST ASIAN SHOW GARDEN 平面图 东南亚花园展

0 .5 1.5 3 6M

花园平面图

造园记：现代化与传统的相辅相生

GARDEN MAKING

结构框定现代化历史变迁

从结构来看，花园将现代的休闲与简约功能展现到极致

- 廊架竹制的隔断保证休闲区域的隐私性，粉色帷幔非常有中国传统大户人家的深闺感，竹子作为中国的传统材料应用其中。廊架前仿中国传统釉瓶的装饰也非常意味深长。
- 日式榻榻米风格的木质坐席与观景台分布在廊架之后与水景旁边，而搭配的蛋壳椅，室外靠枕，风灯等则尽显北欧风格。
- 北欧风格的家居装饰几乎出现在了休闲区域的每个角落，色彩带着鲜明的饱和度。
- 水景是花园的点睛之名，也是花园道路划分的一个节点，掩护好了后花园的蜿蜒小路，将它与开放的休闲区加以区分。

花园意向图

花园夜景

北欧风户外家居装饰

廊架前的装饰细节

海派南洋这一次也完全考虑到了夜间的花园效果，星星点点照亮花园，全面的灯光布控让人联想起故事背景中的商人们依靠天象在海上开拓经商之道的历史。

锈色的耐候钢也是海外景观设计中的一个大势元素，不得不说这次耐候钢与鹅卵石搭配的台阶为花园带来了独特的粗放风味。

纵观整个花园，我们能够感受到多种文化在其中的流动，它是一个多国混血的南洋风花园。但是不同的风格融合在一起却毫不违和，或许文化多样性早已深入东南亚人的日常生活之中。

造园记：现代化与传统的相辅相生

GARDEN MAKING

植物打造传统东南亚景观

若现代化为花园框架，那么植物则展现了东南亚的热烈本貌与始终保留的原生内核。设计师将植物区域划分为三部分，展现东南亚的多样层次。

PLANTING PLAN 植配平面图

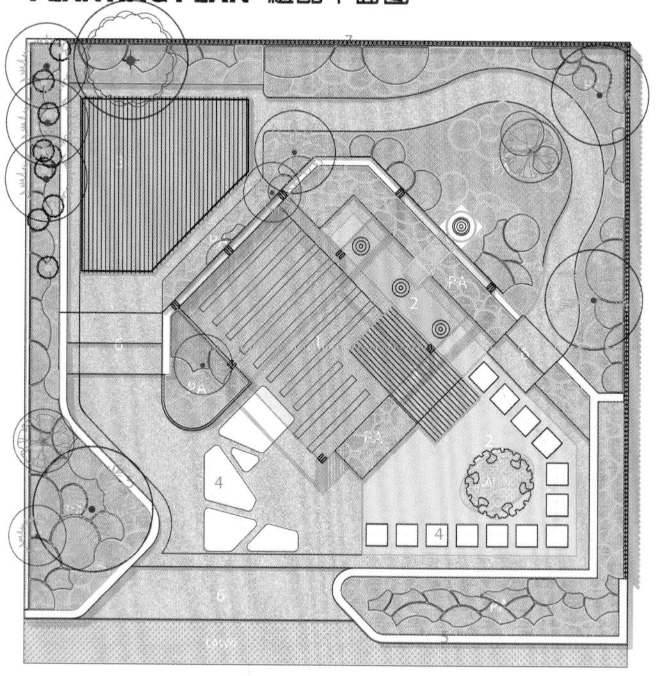

入口及外围背景区域营造色彩艳丽，喜庆欢快的东南亚风情

- 采用色彩对比强烈的朱蕉属与龙血树属植物作为中间景观，搭配种植变叶木、红花蓖麻、凤梨类等彩叶植物；
- 使用佛教五花中的文殊兰、鸡蛋花、地涌金莲展现中南半岛佛教风情。

中庭景观区域展示日式的宁静禅意

- 以体量小、色彩明快的秋海棠科、竹芋科、荨麻科和蕨类品种为主体。
- 点缀种植白花文心兰和迷你蝴蝶兰。

后院花园显现印度尼西亚热带雨林的神秘气息

- 在区域内种植体量较大的姜科、天南星科和蕨类品种，营造一种压抑与神秘的氛围。
- 地面同时搭配自然生长的卷柏类植物，宛如人迹罕至的神秘之地。

从入口到后院逐渐深入，也是植物从艳丽到素雅，从浮于视觉到对话心灵的过程，这大概也是为何在炎热天气与热烈色彩的强强联合下，我们仍能从中感受到内在的清凉与惬意。

热带风格花镜

石板文字细节

花园收尾处理

文字彩蛋

为了展现东南亚的传统生活，设计师还在凉亭前的水泥石地板上设置文字彩蛋：

设计师用贝贝因文（baybayin-西班牙殖民时期菲律宾的文字体系，属于婆罗米系文字的一员，通用于16世纪，沿用到19世纪末期）雕刻了菲律宾的一句古老誓言，意为思想、身体和灵魂，寓意着花园给人带来的由外而内的深层次感受。

URBANA SILVAM

都市森林

花展项目：粤港澳大湾区·2019深圳花展
花园面积：300m²
花园设计：James & Helen Basson

创造一个纪念深圳过去和现在的花园，它展示一个城市活力和色彩的同时，尊重城市空间内绿地的重要性和未来性。从空中俯瞰地平面是稻田格局，灵感来源于深圳周围地区的稻田，是对于过去情怀的回顾。而高层立柱则参考运用了深圳集装箱和高层建筑，代表着深圳的发展和城市经济的增长。从某些角度看，它是一座城市，而从另外的角度看又像一片森林，提示着城市的未来发展与绿色紧密相关。植物种植在墙壁和屋顶的一侧，恰好围成私密的空间，体现花园可以提供人们思考的空间。

Urbana Silvam is a celebration of Shenzhen's past and present. It shows the vibrancy and colour of a megacity while respecting the importance and the futurity of wilderness and greenery in an urban space both on the horizontal and vertical plane, Whose inspiration is come from the pattern of the paddy fields that used to be prevalent in Shenzhen. The vertical columns represent the economic growth of the city both in terms of the high-rise buildings and the colours of the large port that is central to Shenzhen's history. The garden is designed like this , so that it looks like a city and others like a green forest from certain views, it due to the planting on one side of the walls and the roofs. Inside the garden ,there are places to rest and enjoy the space.

关于设计师
ABOUT THE DESIGNER

图3-18

James Basson / Helen Basson

英国 / 法国

英国花园设计师联盟成员；
法国国家风景园林顾问协会成员；
获得4次切尔西金奖；
1次切尔西镀金银奖；
5次英国花园设计师联盟大奖赛金奖；
2次园艺世界杯金奖；
新加坡花园节金奖；
菲律宾花展金奖等20余项国际大奖。

作为国际第一梯队的花园设计师，James Basson 和 Helen Basson崇尚自然，并在花园中深刻融入人文主义，继而呈现一种宏大且有着强烈对比冲突的花园状态，秉持着设计师的独特花园态度。可以说，他们不仅是花园设计师，更是花园艺术家。

而那些"石破天惊"的作品，一如大地惊雷，自然原生的风貌、平地而起的建筑、新生、废墟……不仅为游客提供了新的观赏维度，也为整个花园设计行业注入了新鲜而强大的推动剂。

作品展示

图3-19

2015切尔西花展
金奖作品
《芳香花园》

图3-20

2016新加坡花园节
银奖作品
《薰衣草生长的地方》

图3-21

2017切尔西花展
金奖&最佳展示花园作品
《M&G花园》

URBANA SILVAM

花园内景绿墙

花园档案：城市飞行指南

PANORAMIC VIEW OF THE GARDEN

深圳有着非常惊人的发展历史，它的城市人口在30年间内从25万增长到了1400多万，换算到西方的城市人口发展，这是一个需要好几百年才能完成的过程。

深圳可以作为一个非正式城市化的一个有力例子，也是对尚在规划中的城市的一个宝贵财富。同时，没有城中村，深圳也无法迅速发展成为一个相对稳定、运转正常的大都市。

James Basson和Helen Basson对深圳这座城市的巨变深感好奇，这座城市这些年来始终保持着活力与多样性，保持着较高的经济增长水平。探究其中的过程宛如一次城市飞行，描摹城市的不同角度，掠过城市的历史与现在，一个城市完整轮廓逐渐明晰。

花园家具

花园夜景

设计者说：时间的轮廓

INTERPRETATION OF THE GARDEN

“创造一个纪念深圳过去和现在的花园，它展示一个城市活力和色彩的同时，尊重城市空间内绿地的重要性和未来性。”

从过去到现在，从渔村到现代化大都市，在看花园的不同角度中得到了奇妙的链接——

空中俯瞰呈现的平面是星罗棋布、块状分布的花草地，灵感来源于深圳周围地区的稻田，是对于过去情怀的回顾。

地面仰视林立的高层立柱则参考运用了深圳近40年来立起的高层建筑，代表着深圳的发展和城市经济的增长。

红黄两色来自深圳港口集装箱的颜色，深圳位于珠三角入海口，这意味着它的港口是南岸最繁忙的港口之一，港口的色彩和繁忙程度是城市生活的重要组成部分。

植物种植在墙壁和屋顶的一侧，恰好围成私密的空间，体现花园可以提供人们思考的空间。从某些角度看，它是一座城市，而从另外的角度看又像一片森林，城市的未来发展与绿色紧密相关。

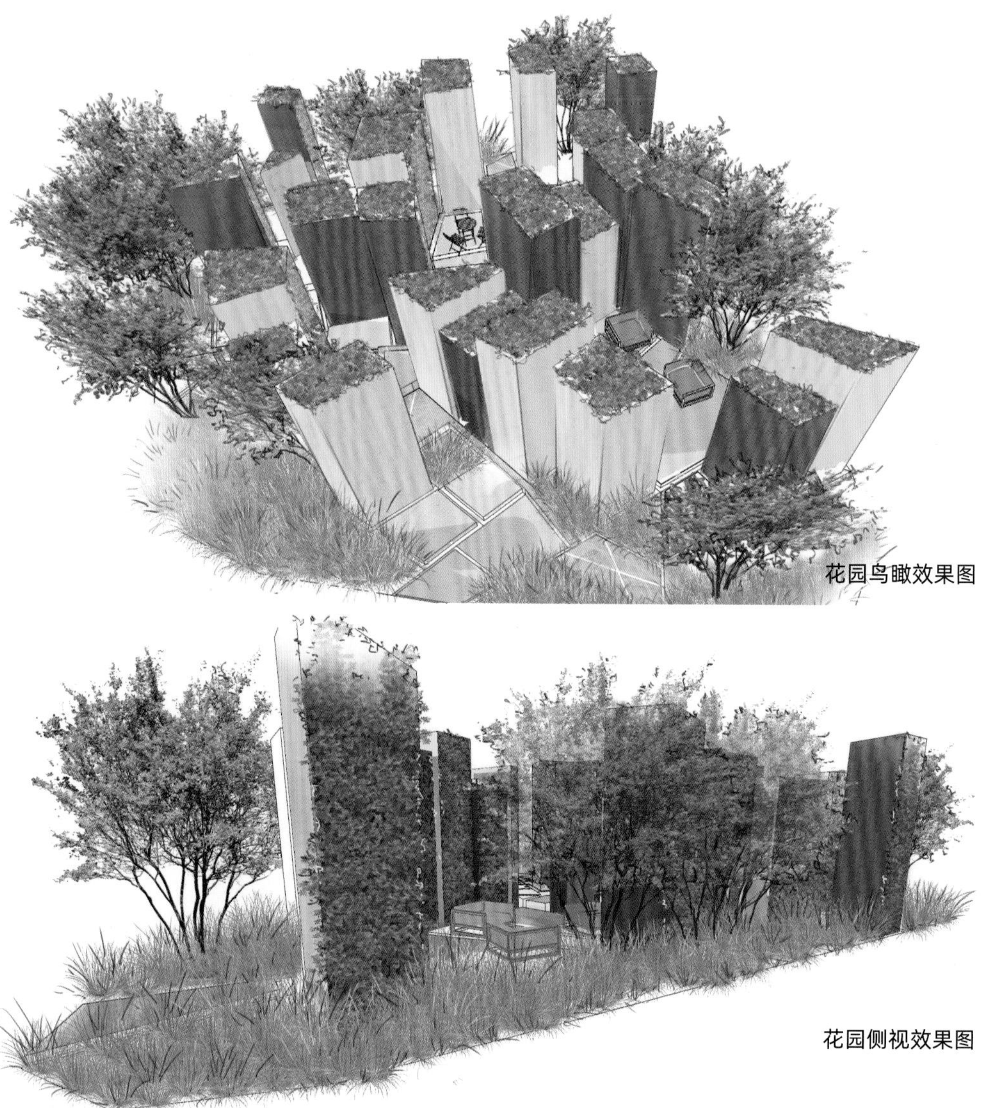

花园鸟瞰效果图

花园侧视效果图

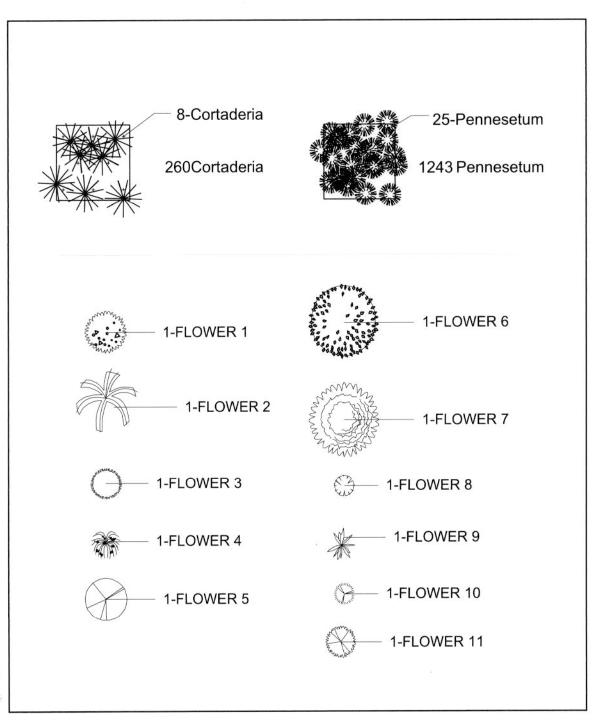

花园种植点位图

设计师检查植物

造园记：自然降临于城市
GARDEN MAKING

"在景观设计中，我们热衷于那些在困难的矿物环境中生长的植物，比如土壤贫瘠、气候恶劣的自然景观采石场，或是几乎全部由人造建筑构成的城市景观。

人与自然的相互作用使花园如此特别。"

——James & Helen Basson

人为：城市肌理

- 代表这城市与繁忙港口的立柱由红黄两色涂层的钢筋构架装置而成。
- 立柱4m、4.5m、5m不等，密集但是不拥挤。
- 光从外观来看，这完全就是一个错落有致的城市群的缩影，有着无限向上的力量与属于个体的私密空间。
- 座椅和照明的引入将空间从景观变成了花园。你被吸引住了，你想体验植物，享受空间。你就可以在喧嚣的城市中体验花园的静谧力量。
- 一个彩蛋：连花园中所使用的灯光设备是设计师从他们国家"人肉"带回的，只为更好地呈现城市生活氛围。

自然：原生力量

- 纯色的立柱背景很好地展现了孤立在建筑群之外的树木与草丛。
- 立柱的周围观赏草由设计师亲自指导种植，让它们呈现一种更为"原始"的自然状态。
- 河道宛转绕过"城市"，从深水池通过河道循环到浅水池，一共下降了40厘米。
- 屋顶提供俯瞰的角度，一如块状分布的稻田，红黄配色植物生长其上，同一色系在不同角度里贯穿其中。
- 蕨类、观叶及兰科植物让植物绿墙赋予城市以热带季风下的森林气息，也让花园从某个角度看起来就像一团奇怪的植物群落。

演变：消融界限

- 从渔村过渡到现代都市，城市化的进程从来无法将自然割裂在外，界限消融，自然降临于城市。
- 种植区域与道路混合在一起，草丛掩映着道路的边缘，人们可以在道路中自由穿行。
- 植物绿墙朝内布置，渗入城市之中，与人们的生活紧密联系。

设计师夫妇在现场的敬业总是让人格外印象深刻，施工的最后一刻还能够见到他们亲自为因雨水而色彩略有剥落的立柱补漆。在花展现场的设计师总是背着一个大包，里面可以变出各种各样的工具，甚至还藏着他们的相机，随时随地拿出来，记录着花园的每一刻。

在离开中国的前一天，设计师夫妇最后在展园呆了很久，记录黄昏在立柱、在植物上印刻的温暖光线，记录燃起的灯光、安静的桌椅与休憩的树影。

花园中的植物由设计师亲自种植

花园立柱内部构造

设计师指导植物养护

树木种植

设计师为立柱补漆

THE CONTEMPORARY KITCHEN GARDEN

现代厨房花园

花展项目：粤港澳大湾区·2019深圳花展
花园面积：200m²
花园设计：Quintin Davidson

通过来对现代元素与文化元素的融合探讨，在花园中传递出英国工业化，可食用植物，以及社交互动的鲜明主题印象。打造一个美丽的花园，给予日常社交活动的一种健康有机的绿色生活形态。

Providing a Healthy and Green Lifestyle for daily Social in a beautiful Garden, to explore the Contemporary & Cultural expression of industrial, art, food and conversation in Landscape.

现代演绎法

ABOUT THE DESIGNER

- Quintin Davidson（中文名：戴昆仑）在花园设计中走的是另一条路线，美高梅、希尔顿、洲际、特朗普集团……这些高端酒店、住宅、别墅等项目使得他对花园有着更现代更直观的阐述。
- 曾任景观、规划界“大牛”美国AECOM北京办公室度假酒店部和瀚华景观所设计总监。现为LW设计集团景观部，迪拜(总部)&香港（分公司）创始人&总监以及SQM设计集团董事。
- 戴昆仑是英国景观协会注册景观设计师（CMLI）、2018年当代国际设计大奖（台湾）。
- 华南理工大学客座教授。
- 他有着成熟的工作室与工作团队，从概念设计到施工的完成都有着丰富的经验，受到了国际奖项的肯定。
- 同时，他至今仍保持着在中东、南非与东南亚地区的从设计到施工等诸多创新性工程的业绩记录。

作品展示

澳门美高梅路氹

华尔道夫酒店

Palm Jumeirah Villa 私人别墅

THE CONTEMPORARY KITCHEN GARDEN

美人墙

花园档案：寻味

PANORAMIC VIEW OF THE GARDEN

传统的厨房花园，在苏格兰被称作kaliyaird，在法国被称作potager，后者在法国是一种形容观赏植物或者菜园的术语，最早起源于法国的文艺复兴时代，将花卉（可食用的或是纯观赏的）草本植物与蔬菜混植，来增加花园的美观度。本是为了追求功能性而造的花园却让人感受到了食物美学的愉悦。

在过去，不同于观赏植物与草坪，厨房花园往往是花园中开辟出的剩余空间。大部分的菜园仍旧是家庭农场的微缩模型。到了现在，人们对厨房花园概念也在悄然发生改变，不仅在植物的配置上，也在于花园的配置上。

所以戴昆仑将现代元素与文化元素融合探讨，以一种现代的形式在花园中阐述传递出英国工业化、艺术感、可食用植物以及社交互动的鲜明主题印象。

外墙植物

正门视角

设计者说：花园的生活形态

INTERPRETATION OF THE GARDEN

我们在最早立项的时候，希望能够通过深圳花展来传递一个民众所关注的社会问题，于是我们关注了食品安全。现在越来越多的人喜欢在自家院子甚至阳台种植植物，于是我们在思考：“我们是否能够通过花园把花卉的魅力与人们所需的功能性联系起来，创造一个符合现代人生活方式的社交花园呢？”

那么这次的花园设计，必须通过种种元素的融合：打造一个美丽的花园，给予日常社交活动一种健康、有机的生活形态。

设计师手绘图

花园效果图

造园记：烹制厨房风味

GARDEN MAKING

选址

- 花园位于仙湖植物园，背后就是山峦，大草坪场地又有着宽阔的视野；
- 如何利用现场的环境来引导游客获得最佳的观赏视线，这是确定花园轮廓的首要问题；
- 所以花园在路线设计上也将适度对公众开放，让观赏者可以参观并拍照留念。

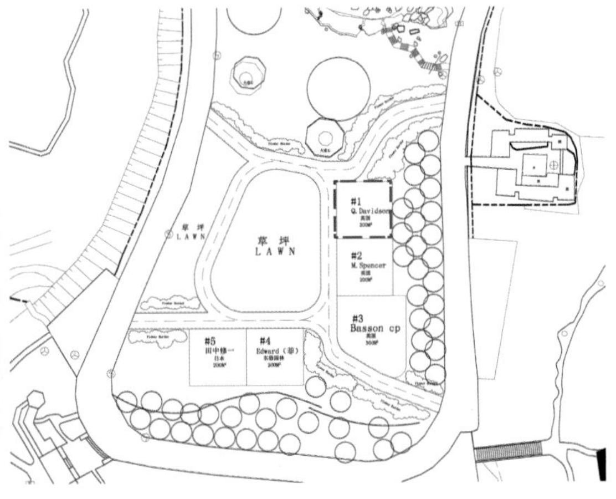

场地选址

英国工业化

- 红砖与雾是英国工业化的两大特征，工业时代的伦敦被叫做雾都，而在莫奈的《鲁昂大教堂》中，伦敦的雾是映衬着红砖墙的红色；
- 红砖墙同样也是这座花园中的重点构架，设计师希望呈现一些古朴的质感的效果，但对照了各种不一样的砖块材料后，始终没有找到满意的砖块，最终与施工方多次沟通，选择了一款贴砖；
- 于是调整施工图纸，先用普通的240砖块搭建，再在外面补刷一层水泥砂浆，然后在最外围贴一层贴砖，由此达到预期效果。

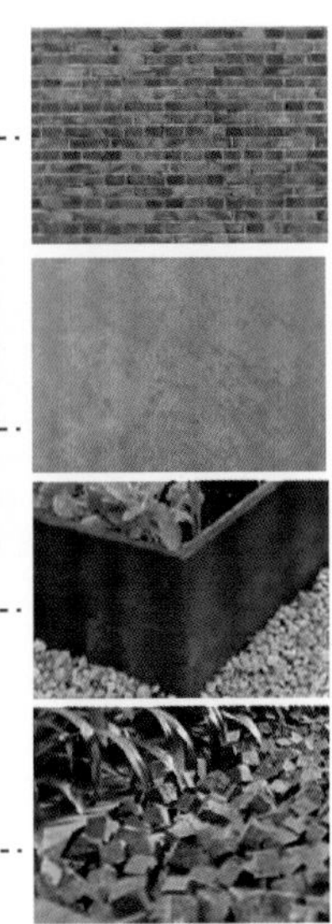

花园建材

艺术感

- 花园与艺术感的结合可以说是花园中的高光，极其吸引眼球。
- 关于花园中最吸引眼球的美人墙，最初设计师提供了2个方案：
  1. 更传统，更中国风的青花瓷墙； 2. 更加前卫大胆的美人墙。
- 主办方选择了这个更为前卫大胆的方案，也确实达到了很好的效果。
- 墙绘由来自西班牙的艺术家Oriol绘制而成，因为前期仔细的沟通，所以这一前一后的彩绘与墙画在正式绘制时是一气呵成的。
- 美人墙的两侧的还安置了两堵传统的中式花窗，中西合璧却毫无违和感。

墙绘方案一

墙绘方案二

西班牙艺术家Oriol绘制中

Oriol进行最后的绘画调整

可食用植物

- 中心的造型树平衡着花园的整体效果，并中和了过于热烈的彩绘效果，同时为整个餐桌区遮阴，对整个花园起着提纲挈领的作用。
- 戴昆仑原计划是在这里放一棵橄榄树，为此他专门去苗圃里考察过。最后选中了一棵金桂，在深圳比较少见，同样达成了很好的效果。

除了中心造型树外，花园中草花与蔬菜的搭配也是花园植物配置里的重头戏。

- 可食用植物也是厨房花园的灵魂所在，“菜田”状排布的布局整齐排列了辣椒、卷心菜等植物。
- 延续方案中的“重复”与“对称”风格，以团状花境表现英式氛围。
- 支架上攀爬了豆角，围墙外穿插搭配高低错落的羽扇豆、大花飞燕草、金盏菊等观赏植物，增加花园的观赏性。

果树

橄榄树

柠檬树

金桂树

蔬菜

卷心菜

番茄

豆角

蔬果植物搭配

社交性

- “社交生活”是花园的另一个关键词，设计师希望这个花园是一个能够让人看了以后热爱花园生活、享受花园生活的展示空间。
- 中心树下的木制围桌与配套的高脚椅为花园的访客提供了围坐休憩交流的场所。
- 打开橱柜，你可以发现设计师买好放在里面的红酒，以及酒杯茶具，随时都可以与好友来一场花园下午茶。

花园剖面效果图

花园鸟瞰效果图

花园右视图

花园餐桌

SECRET GARDEN

秘密花园

花展项目：粤港澳大湾区·2019深圳花展
花园面积：200m²
花园设计：Michael Morley

花园像是琢磨不透的秘密空间，紫色、白色的花卉搭配，花园内的镜子花房浮现、映照、折射，仿佛在空间中打开了无数小窗口，镜面反射出的植物，赋予了蓬勃生机，使得整个花园增添了层次感，更加灵动。梦幻与野趣，奇妙与治愈。镜中花，园中梦。

The garden is like the secret space of the elusive, purple, white flowers collocation, the garden of the mirror flower room emerged, reflected, refracted, as if in the space opened countless small windows, mirror reflected plants, gave vitality, so that the whole garden added a sense of hierarchy, more dynamic. Fantasy and wild fun, wonderful and healing. The flowers in the mirror, the dream in the garden.

关于设计师
ABOUT THE DESIGNER

Michael Morley

英国

Michael Morley，英国设计师，花境大师，以呈现自然清新的花园氛围见长，为草木生长留一个不设限的空间。一如童话故事里夜深人静之后专属于植物的派对时间，自由而蓬勃。

“我喜欢植物在生长融合中呈现自然的状态，所以我的花园设计非常简单，给植物留下空间，让它们与蝴蝶、鸟儿、蜜蜂健康融合在一起，呈现自然美。”

—— 设计师Michael Morley

作品展示

金筑园英式花镜

秘密花园 SECRET GARDEN

SECRET
GARDEN

花园框架

秘密花园：没有我们的世界

PANORAMIC VIEW OF THE GARDEN

我们会对我们无法踏足的世界充满好奇。

或许可以给花园带上这样的设定：在没有我们的世界里，植物一点点回归，生长，将那些被人类遗弃的废墟变成自然界的一个部分。

这会让人想起纽约的高线公园，一度被废弃成为杂草丛生、人类之外的空间，而后又顺延改造成为纽约人民的公园，我们欣赏那些富有野趣的自然意境，仿佛重新发现认识了一片失落的大陆，一个秘密的世界。

那些天然的，锦缎一般的空间，总是可以带来油然而生的触动。于是打造一个充满野趣的秘密花园，以植物自然呈现的方式，以光怪陆离的视觉，带我们认识没有我们的世界。

花园中心景观

花园俯瞰实拍

造园记：秘密花园的镜花水月
GARDEN MAKING

在设计师Michael Morley的眼中，花园是琢磨不透的秘密空间，所谓镜花水月。而在古人的解释中，镜花水月则包含了以下几个纬度。

花园外观效果

花园俯瞰效果

特色水景效果

体格声调，水与镜也

- 花园中心采用单面镜面、双面镜与磨砂玻璃的材料打造了一个镜子花房，镜面反射周围环境，磨砂玻璃显现朦胧意境，增添了整个花园的层次感，使得整个空间更加灵动。
- 园内的镜子花房浮现、映照、折射，仿佛在空间中打开了无数小窗口。镜面反射出的植物，梦幻、野趣、奇妙，镜面元素在花园之间，映出周围景物的颜色和轮廓，形成万花筒的视觉效果。
- 关于水面，花丛掩隐之中还真的有一个砌高的水池，与周边有着同样有趣的交互，跃水攀花，水声灵动。
- 有了各方的支持，设计师与首次合作的团队齐心协力，一起建造出这个高水准的展示花园。

镜子花房应用

镜子花房意向一

镜子花房意向二

兴象风神，月与花也

- 花境是此座花园的一大特色，变幻丰富的色彩，与宛若自然生长的蓬勃状态，让这个简单的花园设计有了多样的视觉表现。
- 花园展现了极为纯正的英式花境，植物的用量是同等面积的普通花境的几十倍，更具野趣，更加梦幻，但施工与种植难度往往也成正比提高。
- 以深圳花展的主题花紫罗兰为主色调，整体紫色与白色搭配，呈现更为清新的意趣。
- 喷雪花、绣球、薄荷、薰衣草、海芋、迷迭香、马鞭草、郁金香、葡萄风信子、紫罗兰、风信子，一共有60余种植物在这个小花园中出场，高低错落，充分展现了它们各自的形态美、色彩美与群落美。

内部英式花镜

植物组团、色彩意向图

外围英式花镜

水澄镜朗，然后花月宛然

- 水光、镜面、花色、光影就位之后，秘密花园就此成型，镜花水月形成了一幅完美的画卷。
- 红砖铁艺窗，窗子对着草坪，远处一把座椅，行人在这里驻足，停留，感受这宛如自然手笔的画面，也可以与花色一起，自由地在镜子中出现消失，成就一个个平行宇宙的奇幻世界。
- 虽然在视觉上强调野趣，但是花境的植物选材大多可入药，花园依旧发挥着以人为本的功能性，达成了自然性与功能性的和谐统一，一切的朦胧变得澄澈透明。

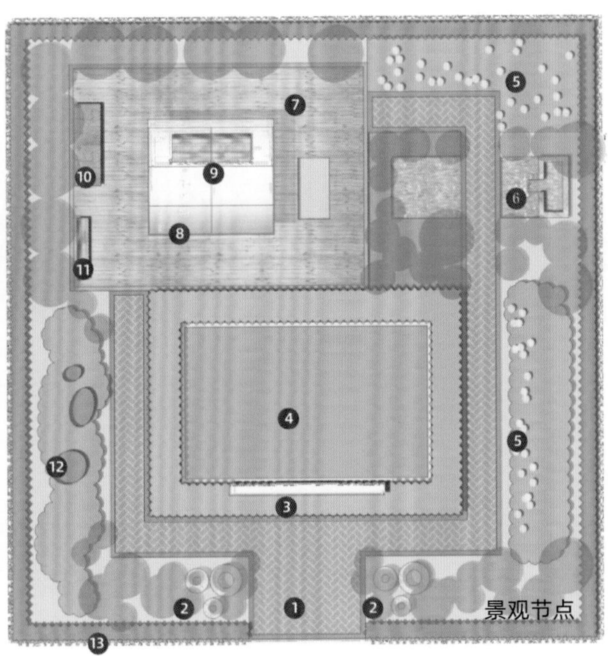

图例： LEGEND

01、静谧园路
02、陶罐花径
03、特色红砖框景墙
04、浪漫草坪
05、灯光小花园
06、特色水景
07、防腐木铺地
08、镜面花房
09、欧式花园座椅
10、长条木桌（老）
11、长条木凳
12、篮子花园
13、绿篱围合

第四章

幻想曲

2019世界花园大会

展期时间：

2019/4/27-2019/5/3

浪漫不限定的体验。

2019世界花园大会，

阳台花园，再小的空间也有花园的蔓延。

4.1 起兴
BACKGROUND OF THE SHOW

延续2018年世界花园大会的第一声春雷，以2019年的阳春三月名动全国的深圳花展为先声，2019年的世界花园大会必然要获得万千瞩目。论坛作为每年的大会的定调，这一年聚焦花园植物与苗圃产业，以国内学者为主，同时邀请国外的企业人、设计师与资深花园从业者共同参与，内容上更具专业性与本土化的实践性。

主打“植物是花园的小精灵”的主题，比起世界花园大会首次亮相时联通全球那山河壮阔的气势，这一年是宜室宜家的精致，带来小尺度的生活美学灵感。

- 阳台花园，花园生活的理想近在眼前。
- 开放花园，墙头马上、转角遇见的第三种生活。
- 立体花挂：首次引进，全民参与，玩转植物的新花样。
- 月季苗圃花园在虹越办展史上首度对外开放，上百个品种的月季全方位诠释浪漫为何物。
- 本在夏季才带着团团簇簇的色彩悄然而至的绣球,在仲春开成一片温柔的蓝色的海。
- 民宿前的杜鹃园日出江花红似火，相互辉映。

4.2 阳台之声
VOICE OF BALCONY

生长的植物总有其韧性，在合适的时间合适的地点合适的照料下，它能回报以旺盛的生活图景。即便落入夹缝荒滩处，即使经历了无数个玛雅人预言的2012，似乎只要有一点空间一丝湿度，石头里也能开出花。

空间会限制一个人的花园生活梦么——围栏围住的四方空间可以是一个被折叠的植物世界，坐下就拥有整个宇宙。草木环绕的是一个穿梭空间的时空机，一秒水泥丛林，一秒属于夏天、绿色与水果的散文诗。

植物不会挑剔，花园从不受限，打开阳台的盖子可以飞出森林里所有的蝴蝶。

REST GARDEN

憩园

花展项目：2019世界花园大会
花园面积：7.2㎡
花园设计：钱依杭

都市人整日为生活奔波，无法静心享受片刻宁静。很多人羡慕陶渊明似的田园生活，却苦于不能拥有大院子，其实没有大院子也未必就不能拥有田园生活。若有阳台改造的小园一隅，不需太大，偶尔坐下来品茗插花，莳花弄草，听取流水与蛙声，给心灵一个憩息的空间，或许能换来身心的片刻宁静，待充足电后，抖擞精神重新出发。此为憩园的创作灵感。

Nowadays, we are running around for life but unable to enjoy the tranquility of life. We admire idyllic lifestyle but just suffer from the narrow space. But sometimes poetic life here can be a dream come true as long as you have a small balcony. Planting flowers , listening to the sound of running water and frogs, and giving your soul a space to rest, perhaps in exchange for a moment of tranquility in the body and mind. And you will get inspiration to start again.

关于设计师

ABOUT THE DESIGNER

钱依杭

中国

设计师

- 作为一个园艺从业者，钱依杭的生活已经与园艺密不可分，设计的居室作品曾获北京市曲美家居杯装修大赛冠军。

花艺师，获日本小原流花道准教授资格

- 她自己有个七八十平方米的小花园，过去，现在，将来，她都在不断地打造完善它，作为她最重要的作品，作为她的生活。

家居专栏作者

- 她曾任搜狐家居装修论坛版主，也曾出版《三美女的私家装修日记》一书。
- 总之，作为一个新浪家居专栏作者，她在以另一种方式——以化身笔触的灵感，与花园漫步的思绪去传达让生活更美好的一些小小策略。

设计金奖

- 当花园设计早已入微于生活，如何在设计中更好地融入生活的点滴片刻便成了设计师的准绳，这在小尺度的阳台花园中则能够更好呈现，也让她摘得了本届世界花园大会的阳台大会金奖。

手工

- 她也爱手工，这也是与园艺的另一种衔接方式。在世界花园大会立体花挂启萌大赛中，她分别获得2019年及2020年度的银奖和镀金奖。

作品展示

桐庐体校旱溪小品

桐庐祎原水景小品

海宁夏园花亭

REST
GARDEN

花园档案：片刻后启程

PANORAMIC VIEW OF THE GARDEN

“竹窗下，唯有蝉吟鹊噪，方知静里乾坤。垂帘少顷，不觉心净神清，气柔息定。”

明代文人陆绍珩所作《小窗幽记》中的场景，在仅仅7.2㎡的阳台花园作品中，变得真实可触。

花园不用太大，不用非得去归园田居。若生活中有一隅可以偶尔坐下来休憩，可以品茗插花，莳花弄草，听取流水与蛙声一片，身心也能够获得安宁而后沉静其中。在繁忙的疲惫的日常中，这么一个小角落就像一个充电器，充足电后抖擞精神，片刻后就出发。

花园正视图

自循环小水系

设计者说：7.2平方米的花园梦

INTERPRETATION OF THE GARDEN

以世界花园大会的核心内容“阳台花园”为灵感，钱依杭打造了一个7.2m²的小空间花园，通过植物、材料、家居、光影的选择打造一个别具一格的散射光照花园。

“得知今年世界花园大会的核心内容是阳台小空间花园的打造，就开始构思这次阳台设计的方向。宗旨就是一定要让观众能够从这个阳台设计中得到灵感，让他们对自己家的小阳台重拾信心，不要认为在城市里拥有花园是个永远的梦，方寸之间也能实现自己的花园梦。”

——钱依杭

花园设计稿

花园最终展示

花园下午茶

自然风营造

造园记：给生活的怦然心动
GARDEN MAKING

去DIY自己的风格吧

- 我最喜欢的一位庭院设计师是日本的金井良一，他在帮客户设计制作庭院时，大多数的手工是由他自己亲手完成，变废为宝化腐朽为神奇才是最牛的设计师，也是因为他特别擅长DIY，不仅为客户节省了一大笔开支，而且庭院也因此特别有岁月的痕迹、特别环保。
- 所以整个布展过程从防腐木地板的制作切割，到各种软装的DIY制作都由我和我先生海子亲手完成。
- 这次展位上我个人的一些手工纺织作品也受到了观众的喜爱，其实这也是我想传达的一个阳台设计理念：就是希望每个人在自己的阳台花园中都有自己的个人色彩，比如自己做的一个小花架，一盏小灯都是拥有你个人符号的元素，都是最特别的。

软装DIY
框架材质

框架搭建

花园玄关

简单点，简单点，阳台的方式简单点

- 在展位的框架设计上，我们特意制作了标准阳台的样式，在硬装上并没有太多安排，反而是在植物选择以及软装配饰上下了很大功夫，让观众看到这样的模式，就能很容易在自己的阳台实现。
- 植物的选择上，尽可能地选择观叶植物，采光不佳的阳台并不适合有太多的开花植物。当然在实际的生活中，封闭阳台也要经常开窗通风，给植物透透气。

茶几与瓶花

在城市里复得返自然

- 我本次的设计为一个仅有散射光线的入户花园，在入口处设计了一个拥有流水的小玄关，主人可以通过WIFI开关控制流水，从一进门就能听到潺潺水声，一阵清凉一阵绿意就涌入眼帘，顿时将外面的纷纷扰扰隔在门外。
- 还运用了雪浪石、河滩石以及小石子来营造自然山石的部分，来模仿自然界的生态。自循环的小水系又可以在家中就听到溪水的声音。方寸之间山水共赏。

花园中的观叶植物

花园中品茶

增加一点仪式感

- 在展位上，我设置了茶具和瓶花，基本每天会更换陈列中的瓶花内容，也是为了启发观众，在这样一个静谧的属于自己的小空间里，有时间插插花，品品茶，做做手工，都是一件非常享受的事情。

喜欢花园的人远比你想象的多

- 最初在设计作品时，我想大概会是年纪稍长些的观众更喜欢这样的作品，比较与他们的气质相符合，也能够静下心来品味这样的空间。没想到的是，有很多小朋友和年青人会喜欢这里。
- 有个小朋友跟妈妈说，妈妈，我真的好喜欢这里啊。然后要求一直在这里玩。我想可能孩子对大自然中的山、水、石更有天然的热爱和喜好。
- 如果观众看到这个作品，也萌生了回家打造自己家小阳台的想法，那就是最有成就感的事情了。

A PIECE OF GARDEN

只是一处花园

花展项目：2019世界花园大会
花园面积：$18m^2$
花园设计：虹越园丁学院阳台花园精修班
& QUEEN WAIT

城市景观缺失了与人的亲近感，
远离艺术性与自然的交流。
我们难以找到对话心灵与场所。
花园，人们智慧带来了园艺方法的改革，
而意境带给我们对未来世界的想象。
让我们在某一刻把所有的慷慨都安放在花草堆里，
植生草被，花开有时；
声声慢，步履轻盈；
寂静无声，可观自在。

Due to the absence of the artistic and natural communication in urban landscape, human are difficult to find a place for a dialogue with themselves. Thanks for garden, as a space reformation, bringing us to infinite imagination in an artistic conception.
Just for a moment, put all of our generosity to the gardening to run away from the madding crowd.

关于设计师

ABOUT THE DESIGNER

虹越园丁学院

- 本次的花园由园丁学院阳台花园精修班的学员共同完成。
- 作为中国首家培养园艺技能和经营管理人才的专业培训机构，依托虹越花卉股份有限公司，园丁学院以植物园艺为核心，从针对大众的园艺技能，生活美学到针对从业者的花园设计、产业研学，呈现多维度，多层次，多方位内容设置。
- 像一张网，一方连接的是专业度与知名度兼具的园艺大咖，带领着无数踮脚张望的朋友们推开园艺的门，助力他们走得更远。

QUEEN WAIT

- 8年在寸土寸金的上海开出4家门店，QUEEN WAIT由主理人——花艺师黄海琴一手创立，如今已经成为上海CBD商圈里耳熟能详的诗意生活空间。
- QUEEN WAIT，在快节奏的国际都市里带来一种慢下来的生活方式，花艺作品之外，还有手工，烘焙，美术等诸多生活美学。

设计者说：城市的意境

INTERPRETATION OF THE GARDEN

越是在远离自然的时候越是怀念起自然，比如园艺在工业革命遍地雾都的英国突然掀起热潮，世界上第一个园艺展就是在工业革命完成后的英国举办。

城市越是发展，景观越是缺失与人的亲切感。污染、高楼、隔绝随之而来……但是园艺不一样，在城市里为大家带来对话的心灵与场所，带来艺术性与自然的交流。

而花园，为园艺赋予了更多的可能，花园的意境让我们对未来带来了更多的想象。

让城市无限接近自然。

造园中

图4-31　花园摆件

花园家具细节

A PIECE OF
GARDEN

花园档案：让植物拥有无限可能

PANORAMIC VIEW OF THE GARDEN

“花园是世界上最小的一片区域，却也是全世界”。

花园是历史的书写

希腊人向往田园仙境；中国人构想园圃；人类的历史开始于创造一个美好世界的冲动。

花园是自然的联系

它源于我们生而具有的自然血脉，是人与自然关系的重要标识，是我们返回纯真状态和黄金时代的必由之路。

花园是现实的美好

不仅是服务于人，不但是休闲休憩，不只是审美象征，更是美好生活的诉求所在。

花园是四方的通行

每个人几乎都有花园梦，再小的空间也能实现，即便没有大大的院子，即便没有开满鲜花的房前屋后。

休憩角落

镜面与植物的互动

造园记：不被时间、逆境触动的核心

GARDEN MAKING

“我给你我设法保全的我自己的核心——不营字造句，不和梦交易，不被时间、欢乐和逆境触动的核心。”

——博尔赫斯《我用什么才能留住你》

花境，是私密、自由、想象的代表，当我们难以清晰地界定虚拟与现实、精神与物象时，人与花园的关系，就成了我们理解世界的意向表现；只有在自己的阳台花园里，没有纷争，没有嘈杂，我们才能搬运自然并融入自然，享受不被触动的核心。

植物细节调整

植物与色彩

- 在花境植物的选择上，以各种品种的月季、圆锥绣球、铁线莲、飞燕草、枫树等花园植物为主。
- 远处观望，由紫色渐变到白色，不会因为浓烈的紫色，带来压迫和紧迫感。橙色在白与紫之间跳动，活跃气氛，精力充沛，使花园充满生机。

结构：小径分叉的花园

- 花园位置在室内展厅的边角地带，有个无法避免的沉重墙柱。顺势而为，正好以它为轴，在花园中设计出一条小径。
- 小径周边也陈列了桌椅，既可会客，也可休憩。
- 走进小径与花丛，随处可见的小物让花园更加妙趣横生。

水培
Hydroponics

消夏

花展项目：2019世界花园大会
花园面积：18m²
花园设计：雷炯 / 袁清华

花园的灵感来自于设计师乡村工作室的小花园，就叫“仲夏夜的梦”。花园虽然是人工模拟的自然环境，但是各个生态系统都需要尽可能地靠近自然，花园才得以完美。所以我们在花园设计中首先考虑的是营造生态环境：适合微生物生存的、吸引昆虫和鸟类的场所。

- 雨水是性价比最高的灌溉水；
- 用覆盖物替代除草剂能更好地保护土壤；
- 用厨余垃圾制作堆肥；
- 打理鸟屋和昆虫旅馆帮花园的鸟和昆虫安家；
- 充满生活气息的废弃“容器”增添生态感与烟火；
- 可食生态花园现在备受欢迎，水生植物、鸢尾、枫树，增添花园的质感、线条与光影，蓝白相间的夏日气息，带你前往现实与梦境的交错口。

花园展示概念方案

雷炯 / 袁清华（上海百徕文化（百来塾）x 上海道侬生态农业科技有限公司）

本次花园设计主要关注家庭花园的生态循环概念，体现人与花园本身更强的互动性以及跟日常生活的联系。

人工模拟的生态环境

充满生活气息的废旧“容器”

自然·家

花展项目：2019世界花园大会
花园面积：18m²
花园设计：万雯珺

- 花园呈现新式的中国风格，将自然的景观与家庭团圆的概念相融合。
- 用两种不同颜色的砾石呈现出中国文化中“方”与“圆”的图案：这一纹饰蕴藏了中国传统文化对于家庭和谐的美好愿望。
- 方形的边框，弧形的分界是中国传统文化在现代设计中新的演变形式，如同中国的太极。
- 透过圆形的框架，可以看到后面的背景墙，配合新的投影技术与中国山水的绘布，有一种现代科技的写意。

“方”与“圆”

中式风格元素的体现

丰胜花园木

天空之城

花展项目：2019世界花园大会
花园面积：18m²
花园设计：王志强

- 让自然走进城市庭院，阳台也可以充满野趣。
- 这需要色彩与形式的彼此延伸，也需要观赏、娱乐、休憩与会客的多种功能。
- 以此为基准的天空之城分为三部分：第一部分，植物景观以小见大，宛如身处山野；第二部分，花园小品与城市相依，营造独一无二的绿色城市风光；第三部分，硬质景观与家具软装组合，以石代水，打造了平台的延伸，让人们可以在远离尘嚣的这一方平台上，享受钢筋混凝土之外的一片宁静生活空间。

正视效果图

左视效果图

鸟瞰效果图

水池细节

硬质铺装

井 —— 席地凝视

花展项目：2019世界花园大会
花园面积：30m²
花园设计：吴静雪

我是“自己”的容器，向意识层面探索是地上建筑，向潜意识层面探索是一口井。拿到这个自我的主题的时候，我有些懵，我真的很少凝视“自己”。选择迎合和觉知他人感受的时候更多，于是我采用了自己最喜欢的状态，席地而坐，凝视自己。

你看顶上有一道极光一样的光照射进来，但是我还是不能看清楚镜子里面的自己，或者我还在努力看清。这些你看到的这个露台花园的所有部分，冰冷的、尖锐的、柔和的、原始的、攻击性的和创造性的生命力，都是我。曾经隔断、压抑并投射出去的部分，现在我选择让“它们”流动起来，并试着接纳。

你要不要也进来，脱掉鞋子和外套，和我一起。席地，凝视。

花园整体构造

花园入口

你永远的“安全岛”

午后时光

花展项目：2019世界花园大会
花园设计：张建乐

成品化、快速拼装是本次阳台展设计的出发点。

风格基调为现代风。设计师在材料的选择上为干净的水泥花盆、水泥花砖以及简洁的自流水缸，搭配现代简约的桌椅。同时阳台面积不大，所以充分利用立面的空间来增加绿植，攀爬架、挂篮必不可少。流水叮咚、绿意葱葱，业主可在这片小天地尽情的享受午后时光。

花园全景

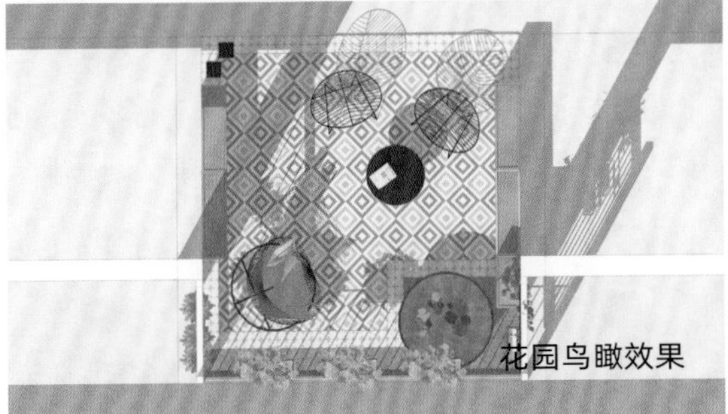
花园鸟瞰效果

花园正视效果

花园右视效果一

花园右视效果二

第五章

圆舞曲
世界名花展

—

展期时间：

2019/9/29-2019/10/8

愉悦与日常，旋转与热情。
世界名花展，10月在唱歌的花房里，
在天地山水间飘扬起裙裾。

5.1 起兴

BACKGROUND OF THE SHOW

室内展馆

2019年，第七届世界军人运动会在中国武汉举办，这是中国首次举办军运会，是军运会历史上规模最大、参赛人员最多、影响力最广的一次，更是武汉乃至中国的最燃10月！

2019年，中华人民共和国建国70周年，筚路蓝缕的风雨兼程，从无到有的大国崛起，这一年的国庆对于每一个国人来说都意义深远，未来的远方满是希望。迎军运、庆国庆，世界名花展就在这样的背景之下出现，为这流光溢彩的2019国庆锦上添花。而虹越担此大任，承担这一次的布展任务。

室外——四大国际展园，虹越牵手四位国际花园设计大师，以地域风格为灵感，带你领略花园里的大千世界，四方空间内，各有不同天。四位国际花园设计大师以其国际顶级的设计水准呈现关于创意、空间、植物的终极水准，献给生活，献礼城市，献岁未来。

室内——会唱歌的花房，融合音乐元素，调动世界各地的珍奇花卉划分十大花卉区域，草地、灌木、盆栽花区、球根植物、水栽植物各放异彩；鸢尾、睡莲、杜鹃、大丽花、郁金香、百合等争奇斗艳；编钟、风车、音乐盒、花墙带来独一无二的打卡魅力。

5.2 世界花园小观

GLANCE OF GARDENS AROUND THE WORLD

地域风格可以孕育出别样的花园风情，透过花园的眼睛，我们看见世界。背着帐篷流浪的波西米亚人穿过满是水草的沼泽丛林，竹子将东南亚植物的艳丽与异域风情细细编织在里面，橄榄树浇灌着来自地中海的阳光雨露，缀着香草的石子路走向法式农庄的清新与芳香。

花园，某种程度上是设计师理念构架的关于世界的理想之境。2019世界名花展，虹越携手四大国际设计师，四个以地域为风格的花园，天地万象，窥得一貌。

波西米亚花园

东南亚花园

地中海花园

法式花园

BOHEMIAN GARDEN

波西米亚花园

花展项目：2019世界名花展

花园面积：200㎡

花园设计：James & Helen Basson

波西米亚花园的设计灵感来源于波西米亚的自然景观。波西米亚属于捷克共和国的一部分，那里四面环山，拥有大片森林与沼泽湿地。花园内搭建的帐篷代表了这些山脉，园内的山丘景观就代表波西米亚境内的丘陵，波西米亚沼泽地形较多，这也是为什么园内被水环绕，还有很多河沟，这都展现了波西米亚的景观特点。

Historically Bohemia was one of the greatest provinces of Czechoslovakia with a rich landscape of mountains,marshes and forests. The world bohemia has since become synonymous with the nomadic lifestyle originating from the Romany people of Bohemia and now for all those who search to escape the restraints of everyday life and look for the freedom to travel the globe and create their own philosophy on life.

The garden takes both of those elements of 'Bohemia',turning an abstracted slice of the natural landscape into a 3-dimensioal space that blends texture and color.Paying homage to the unique lifestyle of the bohemian movement,a place to contemplate life,nature and relax.

BOHEMIAN GARDEN

花园档案：听风的歌

PANORAMIC VIEW OF THE GARDEN

2019年3月，设计师James Basson和Helen Basson为我们呈现出了致敬深圳现代与历史的城市花园（见60页），而这一次则与虹越再度牵手，去呈现波西米亚地区的地域风貌——波西米亚花园，保持着设计师一直以来独特的自然风，全新的地域灵感也赋予了这个湿地花园独一无二的内容与意义。

波西米亚，隶属捷克共和国，历史上曾是捷克斯洛伐克最大的省份。它被群山怀抱，森林遍野。在那里，山地、林地、沼泽是波西米亚得以存在的重要依靠。而吉普赛人的游牧生活也是这种环境之下产生的独特生活方式，一顶斗篷足以对抗风霜雨雪。不受教条束缚，他们自由如风。

花园体现了“波西米亚”的所有元素，把一幅抽象的自然景观变成了一个三维空间，融合了纹理和色彩，在这样一个思考生活、置身自然和放松的地方，以此向波西米亚独特的生活方式致敬。

从波西米亚到武汉，从中亚到东欧，借由着花园，我们在城市之中，听到了风的歌声。

木栈道

鸟瞰图

设计者说：即使你未曾去过波西米亚
INTERPRETATION OF THE GARDEN

波西米亚花园就是意境与自然的传递。
作为一个游客，你需要做的只是：随性与忘我就好。
无需深究花园的背后含义，也不用纠结设计师想表达什么，欣赏风景，按照自己的方式来理解这座花园就好。
置身花园，找个舒服的角落坐好，放松自己，放空自己，被波西米亚的风景与情怀环绕。

水域： 微缩的湿地景观，复刻波西米亚的沼泽生态。
帐篷： 线条来自波西米亚起伏如金字塔般的山脉，同时也代表波西米亚人的游牧生活方式，你可以在其中休憩，感受森林、云雾与沼泽之间美妙的相互作用。
红色： 捷克（波西米亚所在地区）传统服饰的颜色，是波西米亚人的自由，浪漫与奔放。
栈道： 是连接着山脉的通道，利用它们你可以到达波西米亚的任何角落，同样的，在花园中，你也可以沿着水上交错的木质栈道，深入感受花园。

由膜结构构成的构架，代表着波西米亚人的游牧生活。
Mountain landscape created from canvas structures emblematic of the nomadic nature of the Bohemlian people.

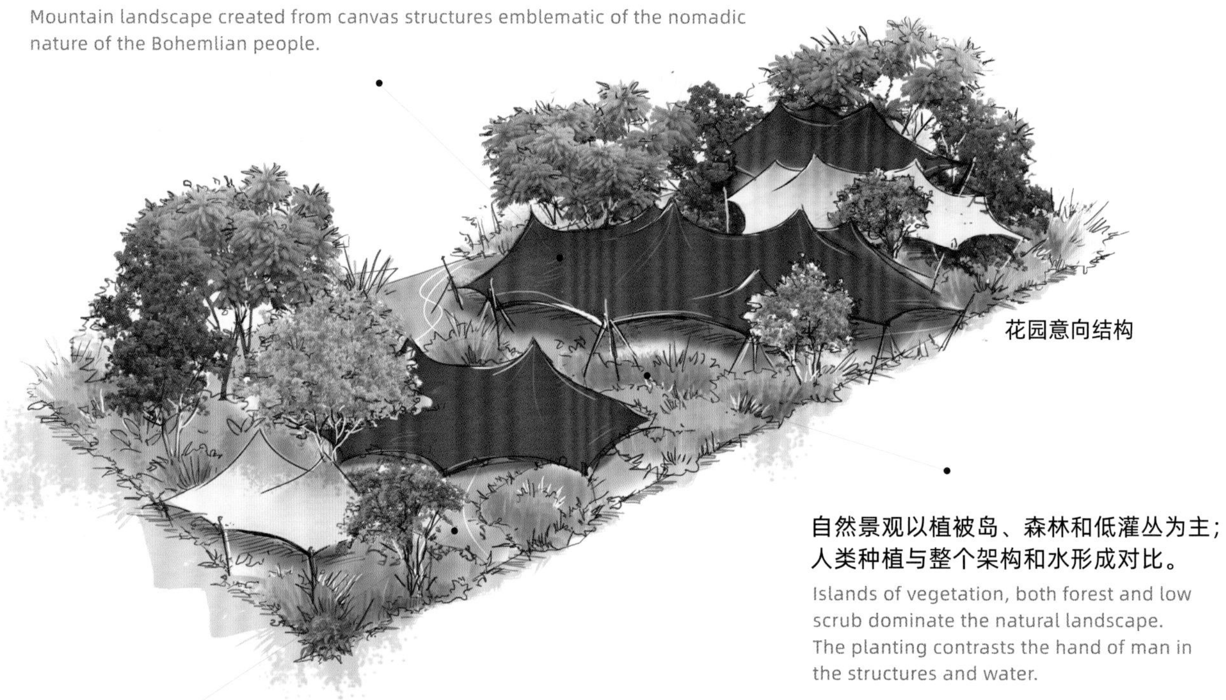

花园意向结构

自然景观以植被岛、森林和低灌丛为主；人类种植与整个架构和水形成对比。
Islands of vegetation, both forest and low scrub dominate the natural landscape. The planting contrasts the hand of man in the structures and water.

广阔的沼泽地创造了一个波西米亚式的湿地环境，由中世纪人创造，自然居住。
Expansive marsh lands create a model wetland environment of Bohemia, created by medieval man and inhabited by nature.

设计平面图

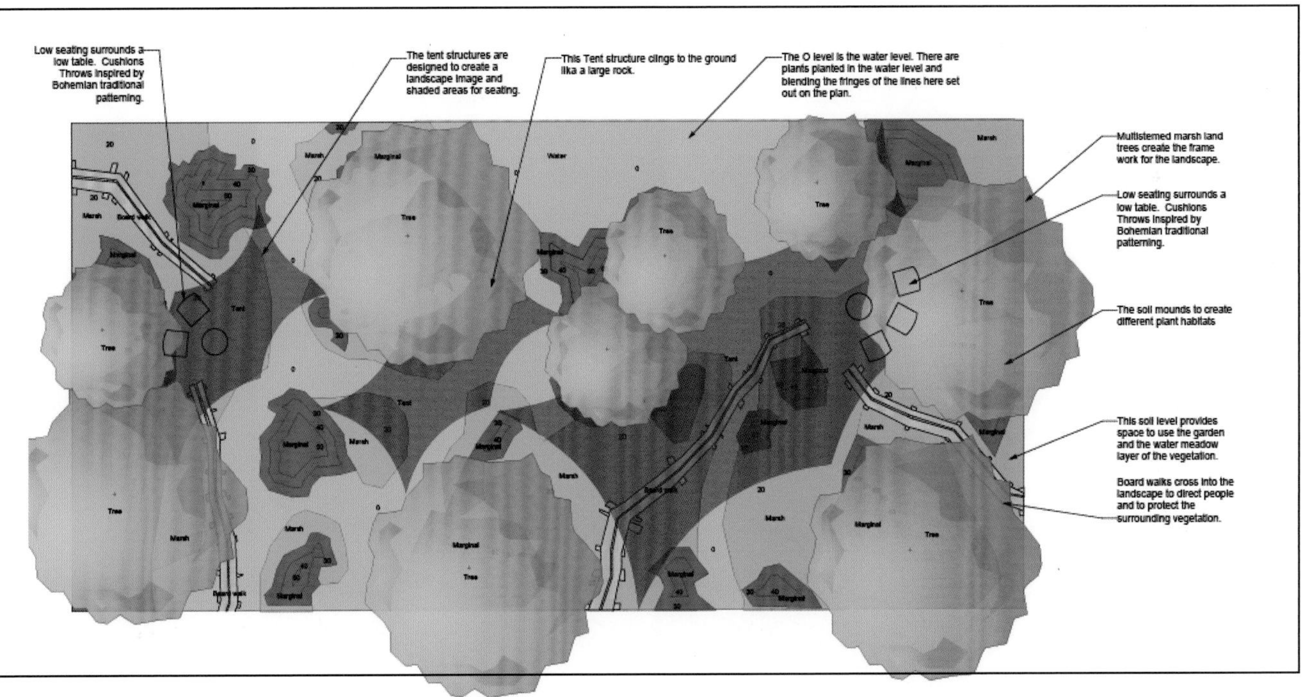
Low seating surrounds a low table. Cushions Throws inspired by Bohemian traditional patterning.
The tent structures are designed to create a landscape image and shaded areas for seating.
This Tent structure clings to the ground lika a large rock.
The O level is the water level. There are plants planted in the water level and blending the fringes of the lines here set out on the plan.
Multistemed marsh land trees create the frame work for the landscape.
Low seating surrounds a low table. Cushions Throws inspired by Bohemian traditional patterning.
The soil mounds to create different plant habitats
This soil level provides space to use the garden and the water meadow layer of the vegetation.
Board walks cross into the landscape to direct people and to protect the surrounding vegetation.

植物配置

造园记：波西米亚狂想曲

GARDEN MAKING

准备周期：2个月，包括方案调整设计、所需植物与材料的挑选。

施工周期：25天，设计师在施工期间几乎全程驻守。

对于波西米亚花园而言，很多材料与做法是不常规的

- 为了更好地通过帐篷表现山脉起伏的线条，特地选用了弹力型面料，而且需要后期调整很多遍才能达到满意的效果。
- 花园要呈现一个沼泽湿地的效果，所以蓄水池的做法同样重要，为了快速达到施工条件，水池选用了膜材料结构。
- 膜材料结构也加深了水池的颜色，使得本来挖得不深的水池变得幽深，营造出深浅不一的水池效果，同时清晰地倒映着花园。
- 植物选择的前提是适合水生或是耐潮湿的，所以就地选材了许多武汉本地植物，同时运用了武汉的市树水杉，波西米亚与武汉就以这样一种形式联系起来。
- 大树的运输很是繁琐，由于场地限制，启用吊机、叉车一棵棵卸下，最后移动到场地内还得使用人力，往往需要五六个大汉一起搬运，以保证土球完整。
- 设计师会对每棵大树调整角度，而后工人用沙袋对大树进行固定，再用碎石堆坡，营造水路与小丘陵环境。
- 最终冷色调的植物与鲜艳的帐篷、室外家具相对比更显强烈，效果明显。
- 花园表达的是自然野趣，但是为了让展示花园具有庭院的气质，施工方定制了特殊的灯具，采用统一的原木杆子，加上现代的灯具，缠上攀蜓的电线，灯具完成组装后，设计师也表示了惊喜。

调整大树角度

场地平整

待种植的大树

沙袋固定帐篷

沙袋固定大树

灰色碎石推坡营造水路环境

不仅限于图纸，他真正在造园

- 作为外籍设计师，James在施工期间全程驻扎现场，深入每一个环节，你也总是能看到他戴着干活的凉帽，光着脚施工的背影。他展现了一个顶级设计师的专业能力，以及对现场的把控与调整能力。
- 在施工方眼中，印象最深刻的莫过于设计师对于自己设计和对效果的不懈努力，他在身体力行地展现花园的意境、自然与生活方式，他真正在造园。

为了向每大家辛苦工作表示感谢，他学习了中文

- 设计师会对大家说"谢谢，辛苦了"，这也极大鼓舞了工人与团队们。
- 外籍设计师们学习吃中餐，体验武汉的当地美食，所以这不仅仅是波西米亚之旅，也是一场中国文化之旅。

设计师在现场

四位国际设计师的合影

与中方合作人员的合影

木栈道搭建

施工现场

构架师现场沟通

SOUTHEAST ASIAN GARDEN

东南亚花园

花展项目：2019世界名花展
花园面积：200m²
花园设计：Lim In Chong

Lim In Chong设计的花园是一个时代的缩影，描述了当时很多作为一家之主的男人们背井离乡，长途跋涉，穿越险境，克服重重困难来到东南亚追求财富的时代。妻子们由于距离、经济等各种原因和障碍不得不与丈夫分离而选择留在家里，双方只能通过偶尔的书信维持联系。

小小的竹亭代表背井离乡的人们原来的家园，横亘水面上的竹桥描述了这段危险的旅程，布满热带植物的巨型构架代表充满希望的东南亚，围绕着竹墙的特色水域诉说着分离。

This garden designed by Lim In Chong (Inch Lim) tells of a time when men will leave their homes, travel long distances and over perilous circumstances to South East Asia, to seek their fortunes. The wives were left at home separated from their husbands by insurmountable obstacles punctuated by occasional letters.

The little pavilion represents the home in China, the bridge, the perilous journey, the giant cage with tropical plants, Southeast Asia, and the Waters feature, the separation.

关于设计师
ABOUT THE DESIGNER

Lim In Chong

马来西亚

Lim In Chong（简称Inch），以他的故乡马来西亚为起点，对植物深厚的认知与对乡土关系深刻且独具创新的理解让他的设计足迹遍布东亚、东南亚与欧美，让他的花园遍布世界。

他热爱并尊重各地文化，在花园设计中融入他眼中所见的地域情感，同时也是狂热的环保与绿色事业爱好者。在花园设计中选择可持续发展材料，以及当地的本土植物，将其重新引入它们曾经的栖息地之中。

从1995年Inch开启他的花园设计之旅，数度斩获新加坡花园节、美国费城花展、日本花展的观众欢迎、最佳设计、最佳展示奖和金奖。

这也是为何虹越会选择与Inch签约国际花园设计师俱乐部并共同来打造东南亚花园的原因，马来西亚的成长背景以及祖上华人的血脉联系足够他表达出亚洲特有的故事氛围。

作品展示

Washinboutei（睦邻坊亭）

Eye To Eye（心有灵犀）

The Treasure Box（宝藏盒）

A Journey Of Life（生命之旅）

SOUTHEAST
ASIAN
GARDEN

花园档案：世界是一封小手信

PANORAMIC VIEW OF THE GARDEN

下南洋被称作是中国的三次移民潮之一，为了改变个人或家族的命运，许多中国人，尤其是华南各地的老百姓，怀揣着巨大的勇气，或拖家带口，或单身一人，满怀着希望与梦想来到南洋，来到东南亚，来到这个新世界去努力与探索。

Inch设计的东南亚花园，就展示了这样的一个时代缩影，他以可持续材料竹子为主要材料，描述了当时很多作为一家之主的男人们背井离乡，长途跋涉，穿越险境，克服重重困难来到东南亚追求财富的时代故事。妻子们由于距离、经济等各种原因和障碍不得不与丈夫分离而选择留在家里，双方只能通过偶尔的书信维持联系。

世界就是一封以告别封缄的小手信。

"鸟笼"式构架

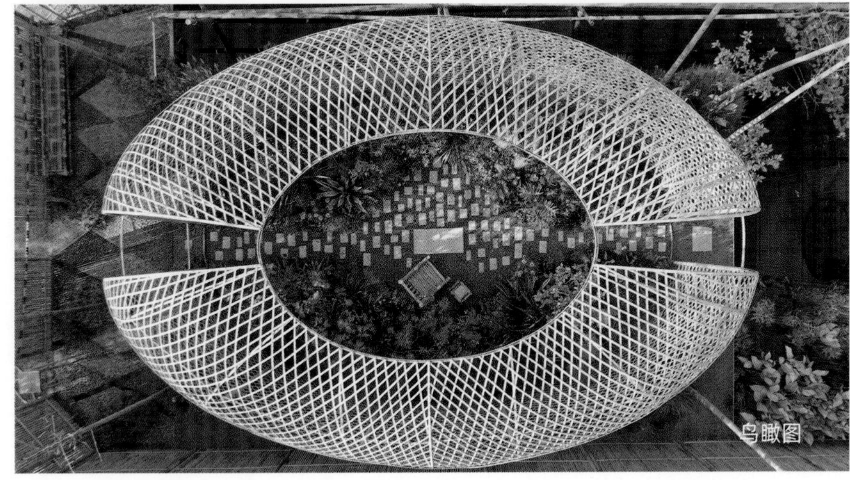

鸟瞰图

设计者说：漫长的告别与丛生的希望

INTERPRETATION OF THE GARDEN

误落尘网中，一去三十年。
羁鸟恋旧林，池鱼思故渊。

竹亭：小小的竹亭代表背井离乡的人们原来的家园，有着十分传统的吊脚楼结构，同时，竹椅，菊花盆栽，一如最常见家居摆设，等待着“待到重阳日，还来就菊花”。

“鸟笼”式构架：丰沛与繁茂的东南亚，诱惑着无数人怀揣着希望前往。但同时，它又被“鸟笼”包裹着，是丰饶的、神秘的未知之地。

水域：顺流而下，远离家乡，水域述说着无数的分离。

竹桥：它是无数人带着一腔孤勇下南洋所面临的艰难旅程，狭窄，而不留退路。

窗：代表那时人们隔海相望的唯一途径——书信，你只能看到对方生活的小小一角，此时相望不相闻。

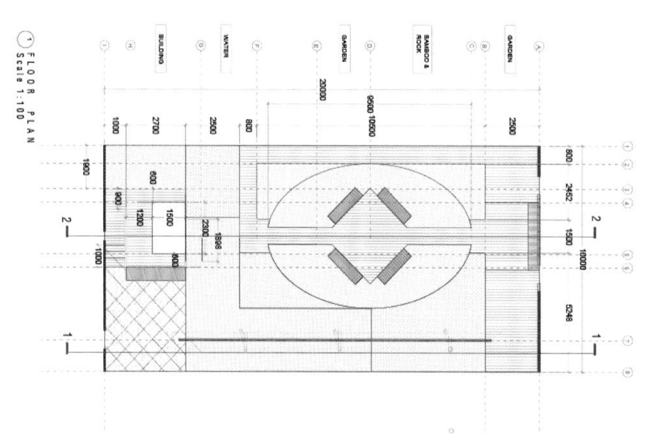

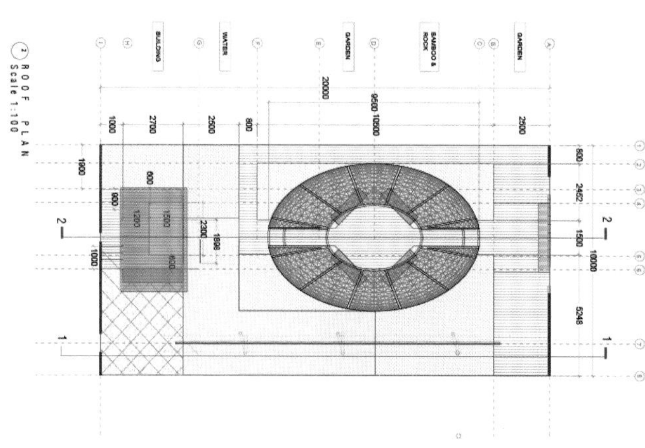

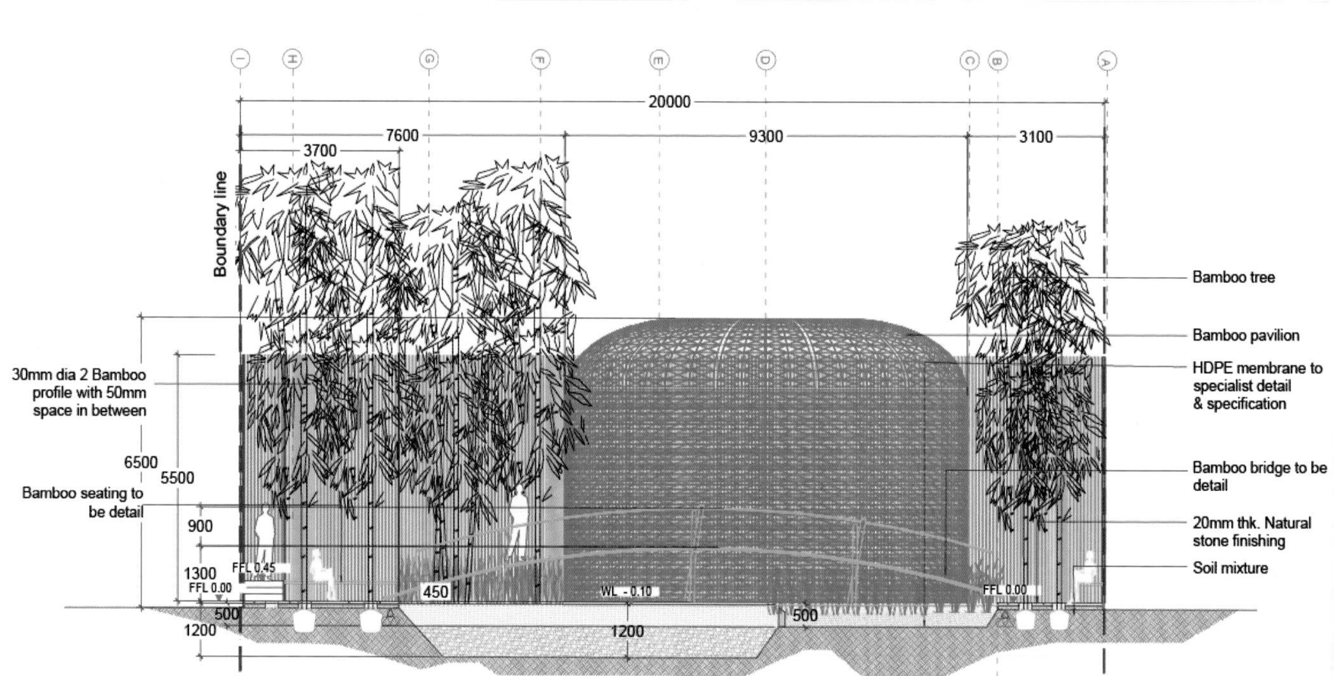

平面剖析图

构架意向

构架意向

构架意向

植物意向

造园记：丰饶之境
GARDEN MAKING

当你穿行在设计师Inch的花园里，植物与建筑相依相生，每一个设计元素的出现与排列绝非偶然，而是精心挑选，精雕细琢，继而带来的是声色光影的全方位体验——这是卓越的植物选择与巧妙的建筑设计碰撞产生的火花。

“我使用它作为主要的建筑结构材料，试图展示它的美丽，优雅和戏剧性”

- 在中国做竹建筑是一件非常让人兴奋的事。
- 在中国，竹子是一种无处不在的材料，从房屋到家具和日用餐具，应有尽有。
- 同时，它也是中国传统的植物之一，也是非常重要的可持续材料。
- 但也许是因为竹子被视为一种临时材料，所以它在花园中的使用非常有限。
- 以前在马来西亚与新加坡制作过竹子结构，这一次的竹子编织对于自己而言是一种新的建筑方法。

“所有的材料和植物都是传统的，但我尝试以新的方式来展现它们”

- 除了竹子之外，其实丰饶的东南亚热带植物景观也来源于中国的本土植物。
- 一些热带植物必须从杭州、泉州和武汉采购调货，才最终组成东南亚花境。
- 还有些植物不得不经过长途运输，导致它们最开始的状态并不好，但是最终的效果令人满意。
- 建筑中窗户对景物的借用、景观在水中的虚实倒影，抬头时的皎皎空中孤月轮，植物间的色彩调配与层次错落.....打造了这个宛如浓郁画卷的丰饶之境。

“这是第一次在我不在的情况下，设计的花园就完成了硬质景观的建造”

- 东南亚花园无疑是一个庞大的，野心勃勃的建筑。
- 在花园建造之前，设计师两次到访过竹建筑施工单位，在他的车间里深入讨论了花园设计方案，因而非常有信心施工方能够呈现高标准的建造。
- 东南亚花园相较于一般的展示花园更大，施工工期也相当紧张，但当设计师到达时，主体结构总体上可以达到预期的效果，只需要进行一些小的修改。
- 在花园中，设计师总是躬身花草地，跪伏着侍弄调整花草，一丝不苟。
- 为了使所有事情都保持一定的标准，在展示花园上确实有很多工作要做。

基础布局

水域铺膜

“鸟笼”框架搭建

“鸟笼”编织

竹桥搭建

整体构架成型

植物种植

MEDITERRANEAN GARDEN

地中海花园

花展项目：2019世界名花展
花园面积：200㎡
花园设计：Alistair W Baldwin

花园的灵感来自地中海地区的植物、传统、色彩和文化。室外家庭用餐是人们最喜欢的消遣，在这里我们看到由美妙的流水声包围着的鹅卵石露台，让人联想到集镇上的鹅卵石街道。由耐候钢制作而成的水景，让我们想起山区农场的动物饮水槽，而迷迭香、橄榄、石榴等植物为人们提供了坐下来聊天的阴凉，地中海的农作物也是餐桌上的美味。当你和家人在户外用餐时，你可以感受到太阳炙烤下植物散发出的热烈芳香。

This is a garden that celebrates the plants, traditions,colours and culture of the Mediterranean region. Outdoor family dining is a favourite pastime, and here we see a cobbled terrace - reminiscent of the cobbled streets of market towns - surrounded by the wonderful sound of moving water. The water features, formed in sea-worn steel, remind us of animal drinking troughs on mountain farms, while rosemary, olive and pomegranate plants provide shade for sitting and chatting as well as Mediterranean crops for the table. You can imagine the dry aromatic heat of the sun as you eat and drink with your family.

关于设计师

ABOUT THE DESIGNER

Alistair W Baldwin

—

英国

Alistair与虹越的缘分源于2019世界花园大会，
作为主讲嘉宾的他展现了“月季魔术师”的光影魅力，
也促成了他与虹越国际设计师俱乐部以及这一次武汉花展的合作。

荣誉

- 英国设计师，有超过25年的花园设计经验与13年的大学教授经验
- 2013年切尔西花展镀金银奖和人民选择奖
- 2014年切尔西花展银奖和人民选择奖
- 设计英国最大玫瑰园——温亚德庄园
- 2015皇家机构的特许测量师奖
- 2016英国景观设计师联盟主要奖项
- 2018哈罗盖特花展金奖

Raby Castle（雷比城堡）

Wynyard Hall Garden（温亚德庄园）

Wynyard HallGarden（温亚德庄园）

我们相信：
没有人比简奥斯汀更懂庄园生活
也很少会有人像Alistair一样打造庄园生活。

花园设计师告诉你，成为简奥斯汀的庄园主角的不可或缺要素有：

庄园

- 英国最大玫瑰花园温亚德庄园（Wynyard Hall Gardens），英国东北部最受欢迎的景点；
- 纽比庄园（Newby），是他的办公地点、设计作品，

城堡

- 兰顿城堡（Lambton castle）
- 雷比城堡（Raby castle）

他为这两个城堡设计新的花园，注重人文历史在花园的融入。

田园牧歌

- 他拥有自己的苗圃，种植着百万株植物，对植物有他深刻的了解，这个过程让他可以捕捉自然的光线并与自己的花园设计结合。

Wynyard Hall Garden（温亚德庄园）

Wynyard Hall Garden（温亚德庄园）

MEDITERRANEAN
GARDEN

花园档案：成为地中海人的一天

PANORAMIC VIEW OF THE GARDEN

Alistair的父亲是一名外交官，这让他的童年在各地游历中度过，不同地区的人文风土给他留下了深刻的印象，成为了他未来花园设计的脚本。

而这一次Alistair的设计脚本来自地中海的植物、色彩、传统与文化，它颂扬环绕着这片大海的国家的农业、园艺和质地，以及在这些国家炎热和干燥的气候中茁壮成长的植物。

室外家庭用餐是地中海人最喜欢的消遣方式，室外的植物提供给他们环顾环境时的美好，坐下聊天的阴凉，甚至还能成为餐桌上的美味。阳光普照的地中海，植物在温度与光照的簇拥下散发热烈的芳香，小镇上的鹅卵石街道闪现着温润的光泽，山区农场的动物饮水槽也带着阳光的温凉。

在花园里，我们融入了地中海的生活方式，经历了他们的一天。

设计师手绘图

花园鸟瞰实景图

设计者说：关于地中海的一切

INTERPRETATION OF THE GARDEN

植物：常绿灌木、油橄榄、迷迭香、鼠尾草

- 两棵壮观的橄榄树占据了花园的后半部分，这是地中海地区的典型特征。雄伟的树木赋予花园以年代感，它们的枝干勾勒出花园外的景色。
- 修剪整齐的常绿灌木球巧妙地将露台围合了起来，赋予花园另一端以重量和体量。
- 在花园下方可以看到零星的修剪过的绿色、灰色和银色球状灌木，散落在开花和常绿地被植物和耐旱植物之间。
- 一个闲适的座位区利用了橄榄树的阴影，两张当代意大利风格的椅子放置在碎石表面种植的植物中间。

色彩：铁锈色、绿色、银色与灰色

- 花园的主材料来自于浅色的砂岩，在地中海国家很常见，铁锈色的耐候钢让人想起生锈的农场建筑和机械，与绿色、银色与灰色形成鲜明对比。

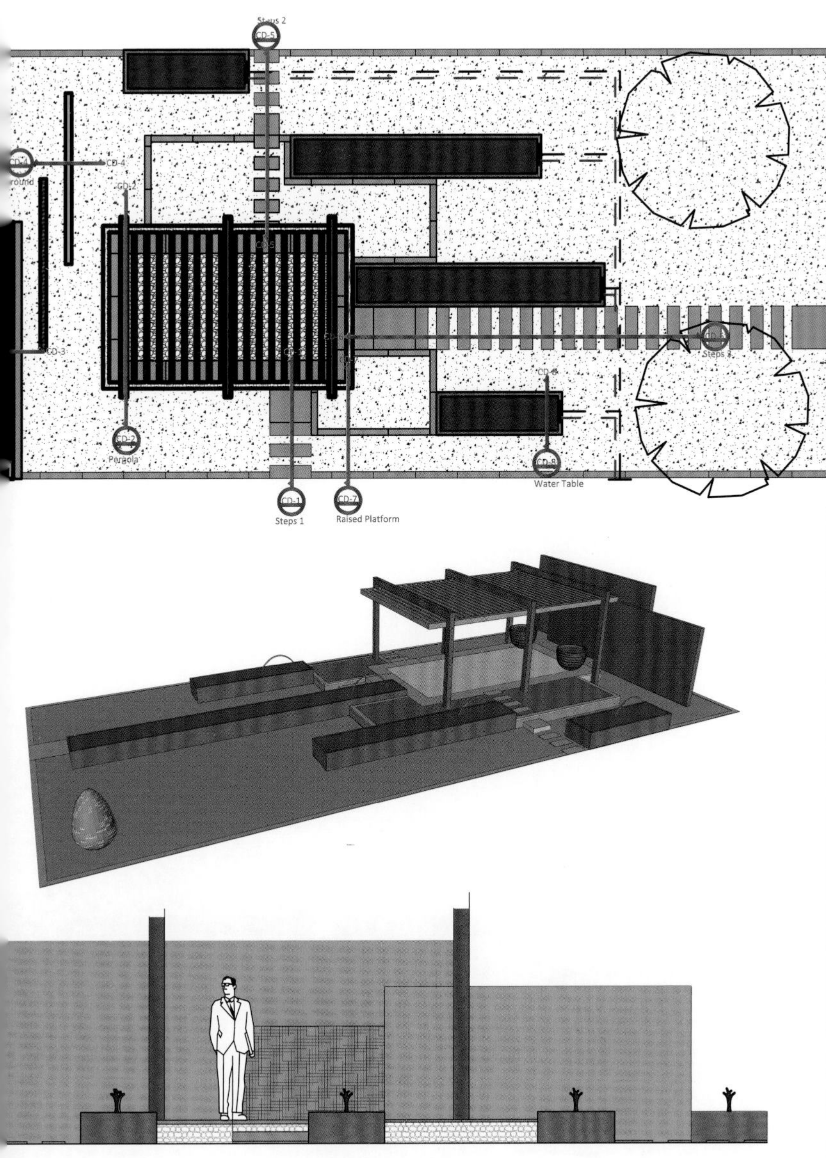

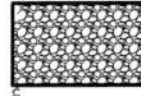
FLAT PEBBLE TILES - RAISED PLATFORM
Premium Pebble Java Grey to be supplied by Islandstone.co.uk or similar approved. To be fixed using a floor and wall tile adhesive (see ARDEX MICROTEC X77) and filled with grout (see ARDEX-FLEX coloured as Antique Ivory or similar).
To be laid over 100mm concrete base.

GRAVEL SURFACING
6-10mm buff colour pea gravel laid 20mm thick over compacted sub-base.

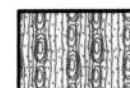
TIMBER BEAMS
Frame built using 150x150mm timber beams. Cross slats built using 150x75mm timber slats. Timber to be iroko or approved hardwood alternative.

CORTEN STEEL WALLS
4000x2000x150mm and 6000x2000x150mm corten steel walls supplied by Adezz.

CORTEN STEEL PERGOLA FRAME
Fabricated from 3200x200x150mm uprights and 4200x200x200mm cross beams all made from hollow section corten steel.

WATER TABLES
3000x1000x400mm and 6000x1000x400mm corten steel water fountains supplied by Adezz.

LOCALLY SOURCED STONE
Buff colour sawn stone using locally supplied stone to be approved.Set on full mortar bed and sub-base to structural engineers specification.

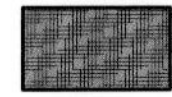
VERTICAL GREEN WALL
2 back to back Ilex screens. Final dimension to be 4000x1500x200-300mm.

ELECTRICAL SUPPLY
Indicative electrical cable routes to supply power to water tables. Final sizes, cables,conduits and routes to be determined by an electrical engineer.

户外廊架安装工艺

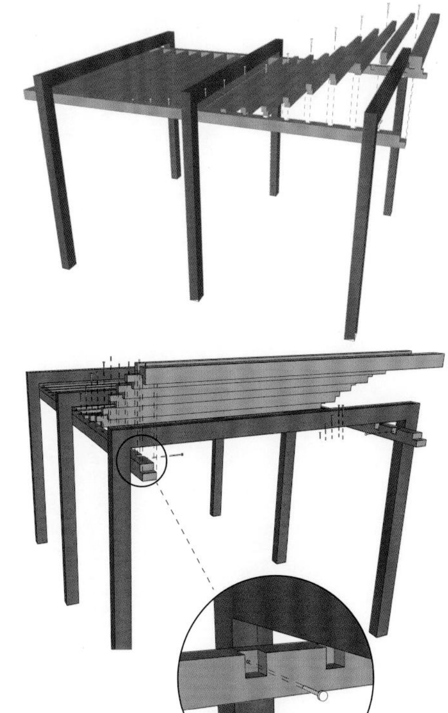

传统：花园与餐桌

- 作为三面观赏的花园，在封闭的一端，两道高低错落的耐候钢墙面形成了铁锈色背景。这些屏风前是一个现代的凉棚，由三段耐候钢框架组成，下面悬挂着橡木框架，橡木板条在地板上投射出动态的阴影图案。

化：自然与人工

- 四个不同长度的矩形水槽沿着花园的长轴运行。每个水槽都由耐候钢饰边，有一个优雅的出水口，给花园带来声音和动感。水池因为阴影而更加幽深，并增加了反射的锐度。这些水槽让人想起在农场上看到的动物饮水槽。
- 艺术在每一个花园中都很重要，在这里我们会看到一个植物种子形式的雕塑品：展示的是一种来自地中海地区科西嘉岛本土的松果。
- 植物之间的石头碎片以及漂亮的陶罐创造出植物在岩石景观中自然生长的效果。这是一个被太阳炙烤过的花园，因此更加美丽。

造园记：花园午餐
GARDEN MAKING

对于施工团队来说，20天的施工周期是一段满载着收获与骄傲的旅程

- 细节是整个建造过程中的关键词，对细节近乎严苛的要求是成败的关键。
- 前期项目的对接，植物的精心挑选，花园开工前的详细设计交底，对现场环境变化的迅速应变，硬质景观施工图纸的精确执行，植物的精心种植和养护，都是我们这次花园建造的体会。
- Alistair教授亲临现场种植让我们体会到了国外优秀设计师对花园建造的态度、技术和动手能力。

隐藏在花园里的高科技

- 还记得前文中展示科西嘉岛本土松果的雕塑么，最初并未找到符合要求的雕塑成品。最终施工团队选择了在建筑领域应用较广的3d打印技术进行个性化定制。
- 经由3D建模打印成型，后期再进行真石漆喷涂最终达到设计师想要表达的石制纹理,最终与花园完美融合。

一场花园里的答谢午餐

- 设计师以一场花园中的答谢午餐完成了点睛之笔，以感谢施工人员们做出的完美贡献。
- 中式的午餐内容+地中海式的就餐方式=中西通行的花园精神。

花园午餐

测量放线

垫层浇筑

鸟瞰图

耐候钢进场

水槽成型

电焊施工

骨架植物种植

铺鹅卵石

花园整体成型

填充植物种植

FRENCH GARDEN

法式花园

花展项目：2019世界名花展
花园面积：200m²
花园设计：Matt Keightley

花园的设计灵感来自于法国的香槟酒庄，这里将会唤起人们在香槟酿造厂中所感受到的芳香与精致。

走进花园之中，四周是高耸的石松，尽头的两端则是不可思议的柏柱，让人想要一探究竟。柔软优雅的植物，摇曳在水上的倒影，走进这僻静的花园，会被它们内在的简约所吸引，流水潺潺一路流进脚下的水池，在石墙周围轻轻回荡，折射出令人着迷的光影。这些是对乡村香槟酒庄的致敬以及他们对于品牌所做努力的肯定。

This garden is inspired by the Champagne houses of France.This garden evokes the sense luxury and sophistication associated with the champagne industry. Vistas into and through the garden are framed on all sides by towering stone pines at one end and incredible Cupressus columns at the other, providing intrigue and a desire to explore. The sound of water trickling into the pool at your feet, will gently reverberate around stone clad walls,whilst the mesmerizing movement will refract light, bounce shadows and command attention. All these are to pay tribute to the history of the based rural champagne houses whilst acknowledging the future for their brand endeavors.

关于设计师
ABOUT THE DESIGNER

Matt Keightley

英国

- **成就**：他是英国最受瞩目的年轻设计师之一，四次参与切尔西，两度斩获镀金银奖&人民选择奖（另外两次为特色花园不参与评奖），现在正在帮威斯利设计福祉花园。从私家花园到公共花园，他的作品遍布英国与海外。
- **合作**：虹越国际花园设计师俱乐部签约设计师，与虹越牵手，达成了他的中国花园首秀。
- **创作**：多年户外设计经历集结为《户外设计：案例以及个性花园方案》，由英国皇家园艺协会出版，他的第二本书也在筹备中。
- **缘起**：作为85后，在17岁时为他的父母重新设计了花园，由此推开通往设计世界的门。
或许从陪伴着他童年时期的户外玩乐时光开始，或许可以从童年时祖父送他的第一个工具箱开始，从此在以后的圣诞节和生日，他总是能够收到新的园艺工具作为礼物。他的兴趣得以不断生根，萌芽，成长，壮大。
- **大器早成**：这在于你能否及时认清热爱所在并坚持下去，而Matt在花园设计这条路上走得格外坚决。

2014切尔西花展展示花园

2014切尔西花展展示花园

2015切尔西花展展示花园

2017 切尔西花展展示花园

2018切尔西花展展示花园

Tyre Hill House（泰尔山庄）花园设计

小户型花园设计

小户型花园设计

FRENCH
GARDEN

花园档案：法国香槟自由行

PANORAMIC VIEW OF THE GARDEN

法国的香槟酒庄，除了口感浓郁香醇的美酒之外，还有如诗如画的风景与古色古香的人文艺术，2005年，联合国教科文组织就因风土特性将法国香槟产区列入联合国文化遗产名录，以肯定法国香槟酒庄这一独特且悠久的存在。

而法式花园的灵感就来源于此，通过花园，来唤醒人们关于香槟产业奢华与精致的记忆。设计师让花园成为一个理想中的农庄，充分调动到视觉、嗅觉与听觉，带来内心无与伦比的平和，向乡村香槟酒庄致敬并肯定他们对于品牌所做的努力。

鸟瞰实景图

水池细节

观赏草细节

设计者说：风景摇曳

INTERPRETATION OF THE GARDEN

花园如同一个理想的农庄：沉浸其中，带来启发，让人放松。

效果图一

平面图

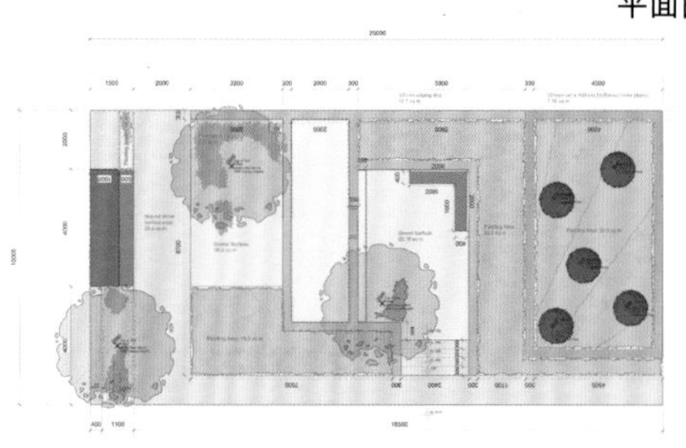

层次

- 硬质景观精妙的层次变化让花园空间更加深远，下沉的僻静花园充满内在的简洁，相互联系的细节为整个空间带来无尽的和谐。

效果图二

植物配置

植物

- 四角的松树与柏树将花园包围，予人安心感。
- 百里香、薄荷与其他香草植物让空气都变得芳香。
- 丛生的花境流淌花园之中，多年生植物有着喜人色彩。
- 花床上的造型树与灌木让你的视线停顿，从而可以将目光投向整个花园。
- 柏树下的多年生植物有着笔直的线条，让人想起香槟产区那些成列的葡萄藤。

下沉花园效果图

硬质材料配置

硬质

- 浅色的抛光石将会被应用在走道、台阶、墙面等不同的场景之中。
- 墙面装饰着许许多多的自然元素，与清新现代的线条相结合，为景观增添了质感与深度。同时这个对比搭配也是对香槟农场的致敬。

水池和休息区

水面

- 那些柔和优雅的植物，让人宁静的色彩星星点点地摇曳着水中倒影。
- 树木倒映水上，带来的幸福感就如那溢出的水面。
- 脚边的水池，水流声动听，在石壁墙上轻柔晃动，折射光影。

休憩

- 花园尽头的橡木长凳，在那里你可以享受到整个花园的风景，两端的松树宛如天蓬，在烈日之下给予自然的阴凉。

造园记：我在武汉天气晴

GARDEN MAKING

30天打造一个切尔西水准的展会花园，
为设计师与施工团队带来了许许多多的新奇体验。

“这是我建造的第一个在施工过程中没有一天下雨的展示花园”

- 武汉与英国天气、建造方式、植物配色以及环境变化的差异使得在中国造花园变得有趣许多。
- 与英国相比，花园的变化要快得多：温暖的天气使得植物的生长速度更快，因此也触发设计师尝试去快速发展他对空间构图的看法。
- 展示花园提供了尝试令人振奋的新概念以及将它呈现给广大游客欣赏的机会。

“他像个虔诚的教徒，把自己的孩子日臻完善”

- Matt作为国际一线设计师的魅力吸引着施工方将整个团队带来学习。
- 不同于一招几何加对称走遍天下，Matt打造了别样法式风情。
- 在施工方的眼中，Matt对园艺的热爱，已经融入他们的血液中，成为他们的一部分。
- 历经9小时的长途飞行，设计师落地的第一件事情是去现场，上车查看植物状态，帮忙卸货，摆放定位，种植修剪，而不是倒时差。
- 植物种植最后阶段，Matt跪在地上一边用石子对裸露的地面进行覆盖，一边把残花败叶逐个剪走放进别在腰间的垃圾袋，尽善尽美。

“设计师Matt唯一一次的情绪失控”

- Matt可以说是调动整个施工现场情绪的人，每天最早到达现场，热情开朗地对待工作与施工人员，赞扬和鼓励大家，让现场总是洋溢着轻松愉快的气息。
- 而由于花园坐落在园博园内，总是吸引着游人想要直接踩进来一探究竟的好奇心，为此施工单位和设计师没少在现场冲洗地面。
- 而在Matt离开当天，为了给游客呈现完美的状态，他早上6点就到达现场做最后的清洁工作，但是仍然有人穿越警示带踩上已经清理干净的地面，Matt为此非常不开心，终于忍不住发火。
- 事后，他又为自己的失态向施工队伍道歉。作为一个负责任的设计师，他希望展示花园能够给大众呈现最圆满的样子。

“砖面与水面”

- 砖面与水面是这一次法式花园的两大要素。
- 砖面采用了Mineral的珍贝米黄和Mineral的印第安纳墙石，设计师在每一个拐角包边都有定加工45°折角，这样就可以包住边角，最终的效果就和整石垒起来一样十分自然。
- 关于水面的流水口，设计师摒弃了锈钢边以及玻璃边，完全没有挑边，靠水自然地外溢形成了流水瀑布的效果，整个水池面也比较满和平，出水弧度和水池镜水面的感觉十分好，甚至利用小水瓶就能达到自然的分流效果。

土方开挖

下沉花园基础钢筋

垫层浇筑

基础构架完工

水池铺装

地砖铺装

土方回填

植物种植

第六章

浪漫曲
2020世界花园大会

—

展期时间：
2020/4/27-2020/5/3

抒情的遐思与情怀浪漫。
2020世界花园大会，
越过寒冬，在迟来的春天繁花里美好相拥。

6.1 起兴

Background of the Show

谈及2020年，疫情是一个绝对无法绕过的话题。开年之初新冠肺炎席卷全国乃至全球，为了化解这个局面，祖国在新年长达一个月的时间中进入了几乎停摆、静止的状态。自发的居家隔离，与那些在前线奔忙的炬火汇聚成了无数的光，漫长的黑夜照亮，坚冰开始浮动，春天终于开始了迟来的流淌。

2020世界花园大会在这个背景之下浮现，虽然全国抗疫已经卓有成效，但一切尚在百废待兴之中，全球各大花展纷纷取消或者推迟了上半年度的展会，世界花园大会是否继续进行，答案是经历几轮龙卷风漂浮在空中最后终于落地吹奏的浪漫曲。

一方面是经历过至暗时刻之后明朗，逐渐的复产复工，人们的生活开始走向正轨，在经历过一轮又一轮的反复研讨以及无数次的动摇纠结，我们相信，在当前的疫情调控政策下，搭配严格的防护与准入要求，世界花园大会足以呈现精彩的同时保证人们的安全。

一方面是园艺无论悲喜，总能带来治愈，疫情期间园艺行业在线上的爆发验证着它无与伦比的治愈力量，体现中国园艺后来居上的超强生命力。无论对于游客，还是对于从业者本身来说，2020世界花园大会，作为第一个率先举办的花展，它是一个走出颓丧，治愈春天，奠定产业温度的重要契机。

种种元素，破冰踏浪，温暖拂动，2020世界花园大会，疫情时期后的浪漫，就此拉开。

世界花园大会永久地标

花展游客

花挂

6.2 花园漫步

WANDERING IN THE GARDEN

2020世界花园大会，无可辩驳的花园之年。

3大国际设计师：James Basson、Alistair Baldwin、Matt Keightley线上远程指导，向抽象大师现代艺术致敬，向世人盛赞的玫瑰之名致意，向当代生活阳台空间致语，带来了三个大师级作品。

8大模纹花坛，由5大国内外的龙头园艺企业Takii、Sakata、Benary、Floranova、北京市花木集团与2位国内设计师呈现，浮游天际，花草为笔，在大地之上绘制万千世界的图景，园艺有了另一番立体的玩法体验。

James Basson作品

Alistair Baldwin作品

Matt Keightley作品

更重要的，还有花园。
18个风格迥异的设计师，
或江南水乡，或山河浙江；
或跃进丛林，或童话相逢；
或沉溺在午后的莱茵时光里，或者重新走过莫干山的静谧；
或在日式禅意中探寻宁静真我，或在草木生长中体验治愈真谛；
……

本章挑选呈现6个设计师花园，和而不同，各具风味，不如一起漫步~

- 江南水里 —— 赵源明和李红艳
- 色丨空 —— 郭云鹏
- 愈 —— 俞啸峰
- 回归 —— 蓝晓晴
- 湖山之美 —— 姚益慰
- 小意达的花园 —— 王荷

午后·莱茵时光

THE WATER, THE SPACE, A JIANGNAN

江南水里

花展项目：2020世界花园大会
花园面积：196.5m²
花园设计：赵源明/李红艳

出生于江南，脑海中的江南是被水环绕的，建筑、码头、石桥、街巷、连廊是构成生活空间的基本元素。我们的花园希望营造一个空间，诉说一个关于江南的故事。长条形的水池沿着边界布置，将你置身于水乡之中，通过一座小桥与外界相连。我们将金属网呈弧线形布置在花园内，架构出连廊窄巷空间，同时在这样的灰空间下面，植物环抱，也是理想的休闲场所。

花园通过挖掘江南的元素和肌理，找到江南景观临水而居，流水潺潺，空间有趣，植物生动的特质，使人在当代社会环境下找寻新的记忆。

I was born in Jiangnan, and Jiangnan is encircled by the water in my head , the building, dock, stone bridge, street, corridor are the basic elements that make up the living space. We hope that our garden can make a space, telling the story of Jiangnan. The long and narrow pool is arranged along the boundary, which puts yourself in the region of rivers and lakes, connecting with the outside through a bridge. We arranged the metal net with the arc form in the garden, making nest narrow lanes. Under this gray space, plants surrounding and it is an ideal place to rest.

Digging the Jiangnan's elements and texture, the garden shows the special quality, such as living by the water, streams flowing quietly, funny space and vivid plants. All these drive people to find new memory in modern society.

关于设计师：慢花客侠

ABOUT THE DESIGNER

赵源明 / 李红艳

—

中 国

虽身为国内新生代的景观设计师，但赵源明和李红艳在花园设计上有着非常资深的基础。

赵源明：曾任职于美国OLI建筑设计事务所，期间参与木心美术馆的设计施工。

李红艳：任职于厦门海石景观上海分公司庭院部，主管。

- 2016年,他们共同创立慢客景观，化身慢花客侠，通过解读当代人居环境，响应设计并解决问题，以追求技术和设计创新为目的，为项目创造价值。
- 每一次的实践都是探寻事物本质的机会，从对自我及其环境的沉思开始，在环境中寻求人与场所的关系，探索空间背后的形态与人的行为，以此营造具有时代感的居住景观。

荣誉

- 2018世界花园大会花园设计优秀花园奖
- 2019第16届中国杜鹃花展最佳花园创意奖
- 2020世界花园大会优秀布展奖和金奖花园

作品展示

THE WATER THE SPACE A JIANGNAN

江南水里：灯光桨影

PANORAMIC VIEW OF THE GARDEN

江南，自古以来的鱼米之乡，丰沛的降水量，河网密布，尤其以长江和钱塘江两大水系为甚，通过运河相互连接。

江南的印记是青水碧于天，画船听雨眠。江南的色彩是日出江花红胜火，春来江水绿如蓝。连江南的路，也是梦忆江南烟水路。

所以出生于江南，脑海中的江南是被水环绕的，小桥流水人家、建筑、码头、石桥、街巷，连廊是构成生活空间的基本元素。

江南水里，将这些江南元素吸纳其中，书写江南故事。

阶梯状水系

花园鸟瞰实景

设计者说：一枝春

INTERPRETATION OF THE GARDEN

花园想要展示的是江南的独特景观。临水建筑群，亲水码头，宽街窄巷，蓝印花布，这些元素强烈地体现了江南人家生活的场景。

通过挖掘江南的元素和肌理，花园设计试图找到江南景观临水而居，流水潺潺，空间有趣，植物生动的特质，使人在当代社会环境下找寻新的记忆。

长条形的水池沿着边界布置，将你置身于水乡之中，通过一座小桥与外界相连。金属网呈弧线形布置在花园内，架构出连廊窄巷空间，在这样的灰色空间之下，植物环抱，也是理想的休闲场所。

设计灵感

平面图

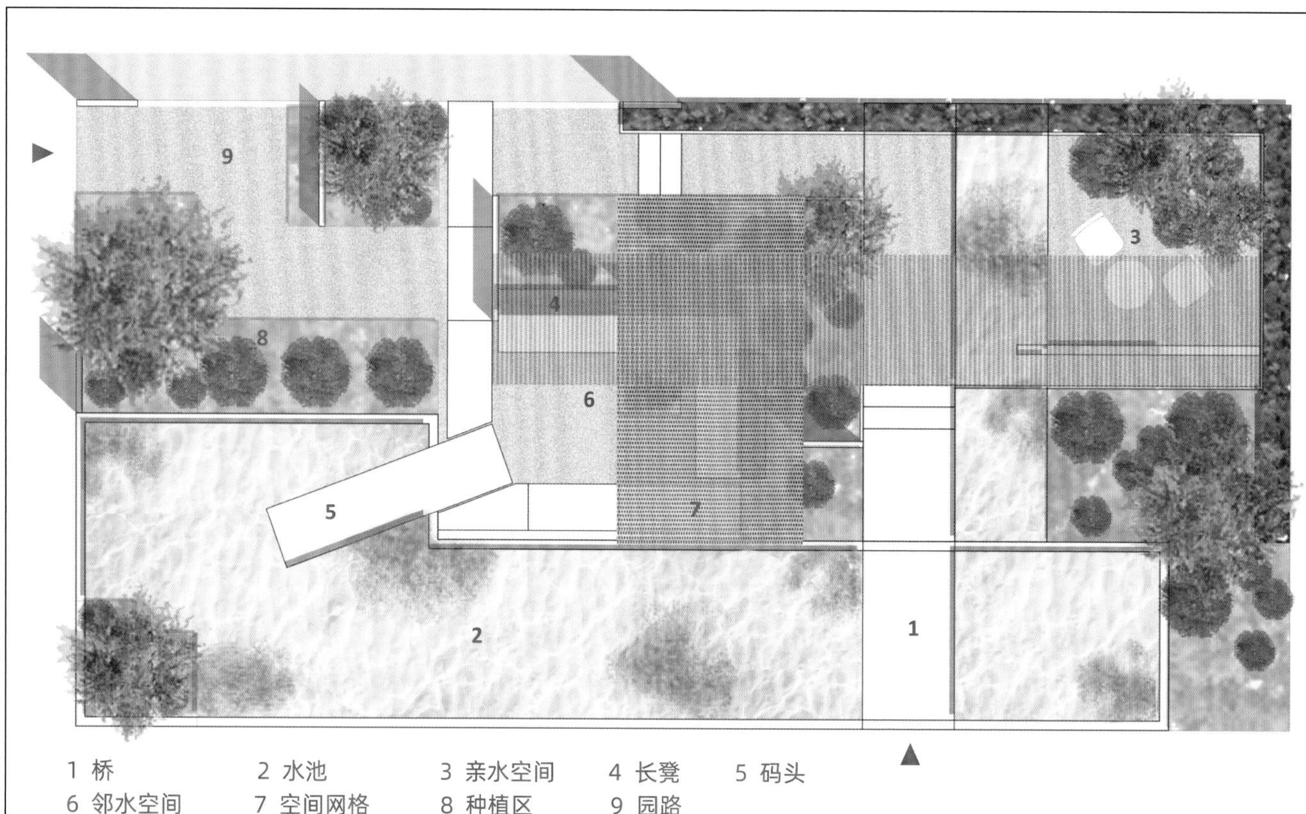

设计手绘稿

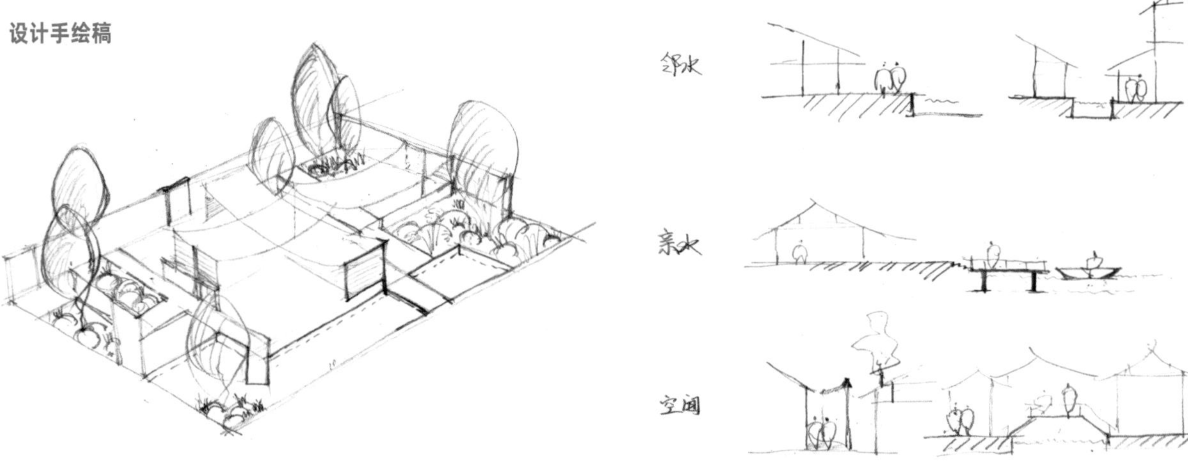

效果图

造园记：烟雨录

GARDEN MAKING

“展示花园的施工短暂而辛劳，也伴随着不断的惊喜。
她就像自己的孩子，每天都在慢慢长大，等到种植物前你已经可以想象她大概的样子。”
如何在短时间内遭出一个烟雨江南，这就需要设计与施工过程中的多种巧思。

临水而居的动线

- 设计中把江南小镇的空间变化融入其中：采用小桥的形式进入花园，同时结合水景中坡面流水效果，让人置入江南的氛围中。

变化有趣的空间

- 花园在空间上营造了4个层次，水域、抬高平台、公共活动区、上层框架，响应江南中丰富的空间变化，同时也为花园提供更好的使用空间。
- 铝制金属网，简单的构架形成了丰富的空间效果，两层叠加区域构成了花园的核心休闲区；
- 原产于浙江的石材——高湖石，运用于空间的围合和地面铺装，大规格的整石在凸显厚重感的同时也让人回温了一把江南建筑的记忆。

丰盛丰盈的植物

- 丛生洋白蜡作为花园的主要乔木，形成了花园的主要框架植物。
- 高山杜鹃选取自然生长的形态，作为花园中大花量的植物，重点布置与入口区域。
- 海石竹搭配墨西哥羽毛草，装饰在岸边，作为易于打理与模仿的花境，增添花园的飘逸与柔软。

溯流而上的生命

- 关于水景的调整对整个花园的主题有了更加强烈的提升：
  鱼米之乡的江南少不了小鱼，开展前设计师们特意准备了当地的野生鲫鱼，当水流开始滑动，触发了鱼儿的天性，溯流而上，展现生命力的爆发。

水生植物的种植

高湖石搬运

空间围合

水池平面抬高

耐候钢处理

植物清点

植物种植

设计师与即将完工的现场

草月流景观
SOGETSU DESIGN

FORM EMPTINESS

色 | 空

花展项目：2020世界花园大会
花园面积：147.5m²
花园设计：郭云鹏

花园设计空间格局及风格为日式茶亭露地。外围的花境区域象征现实存在的缤纷而多彩的物质世界，代表“色”；中间模拟山间景观的露地象征我们向往的简单而宁静的精神世界，代表“空”。如何能够身处多彩而充满诱惑的物质世界中保守内心的简单与宁静，希望这个花园能带给来访者一点点启发。

The spatial pattern and style of the garden are Japanese tea-booth loqi. The outside flower border represents the colorful and complicated real world, which shows the form. The middle part implies the simple but desirable peaceful inner world, which symbolizes the emptiness. We hope this garden could give visitors an idea about how to keep the inner world's peace and simple in the enticing real world.

关于设计师
ABOUT THE DESIGNER

郭云鹏

中国

20多年的从业经验，美国景观设计师协会（ASLA）会员，同时更是草月流景观设计公司创始人。作为是国内非常知名、中流砥柱的景观设计师，多次获得国内外各项大奖。

秉持着“设计，无处不在”的设计理念，在设计过程中，大到全园布局，小到工艺细节，都是设计师需要考虑的内容，通过将功能性的元素精心设计，赋予景观化与艺术化的特点，最后推动园林景观设计作品完美落地，设计师则需要精心把关、全程跟踪每个环节。

所以设计师，同样无处不在。

最终构造成一个连续的，满是美的追寻历程。

代表作品

绿城·桃花源别墅区
阿维侬庄园
华润·翠庭
金宸国际花园
蟠龙山庄
塘溪津门
西溪里
丽丰凯旋门售楼处
德清清泉居
合肥恒大
宁波智慧谷
九龙山庄
湘湖壹号
…

杜鹃园（上海）
杜鹃园（上海）
湘湖壹号
湘湖壹号
湘湖壹号
钱江君邸

FORM
EMPTINESS

花园档案：万火归一

PANORAMIC VIEW OF THE GARDEN

在佛教中，一切有形有相的物质都称为“色”，而那些非有的，非存在的事物则被称为“空”。一边是俗世的追求，一边是自我的超脱。对于普罗大众来说，色空是在纷繁的世界中找到与自我世界的宁静的共同感，绝非是以一种极端的、封闭的形式，而是达成一种和谐的统一。

花园可以说是达成这种统一感的最好方式，一个可以绝对精神自治的自我角落，设计师则希望能够在花园中通过对“色”与“空”的解读，最终带大家找到内心的简单与宁静。

茶室

茶侍

设计者说：修行在花园

INTERPRETATION OF THE GARDEN

“我们做日式庭院并不是完全是为了复古，而是为了把日本良好的造园文化和工艺跟我们现代对这一方面的需求，对禅文化，对茶文化，对这种慢生活的需求结合起来，除了把现代文化跟日本良好的工艺相结合之外，我们打造的不光是景观，还是一种生活方式，不光是看的还是可以要用的。”

“色丨空”秉承了日式茶亭露地的风格与空间格局。

色：外围的花境区域象征现实存在的缤纷而多彩的物质世界。

空：中间模拟山间景观的露地象征我们向往的宁静的真我。

从身处多彩而充满诱惑的物质世界到保守内心的简单与宁静，越是深入花园，越是能体会到这种渐变的过渡感，也能够随时感受到花园带来的包容感。

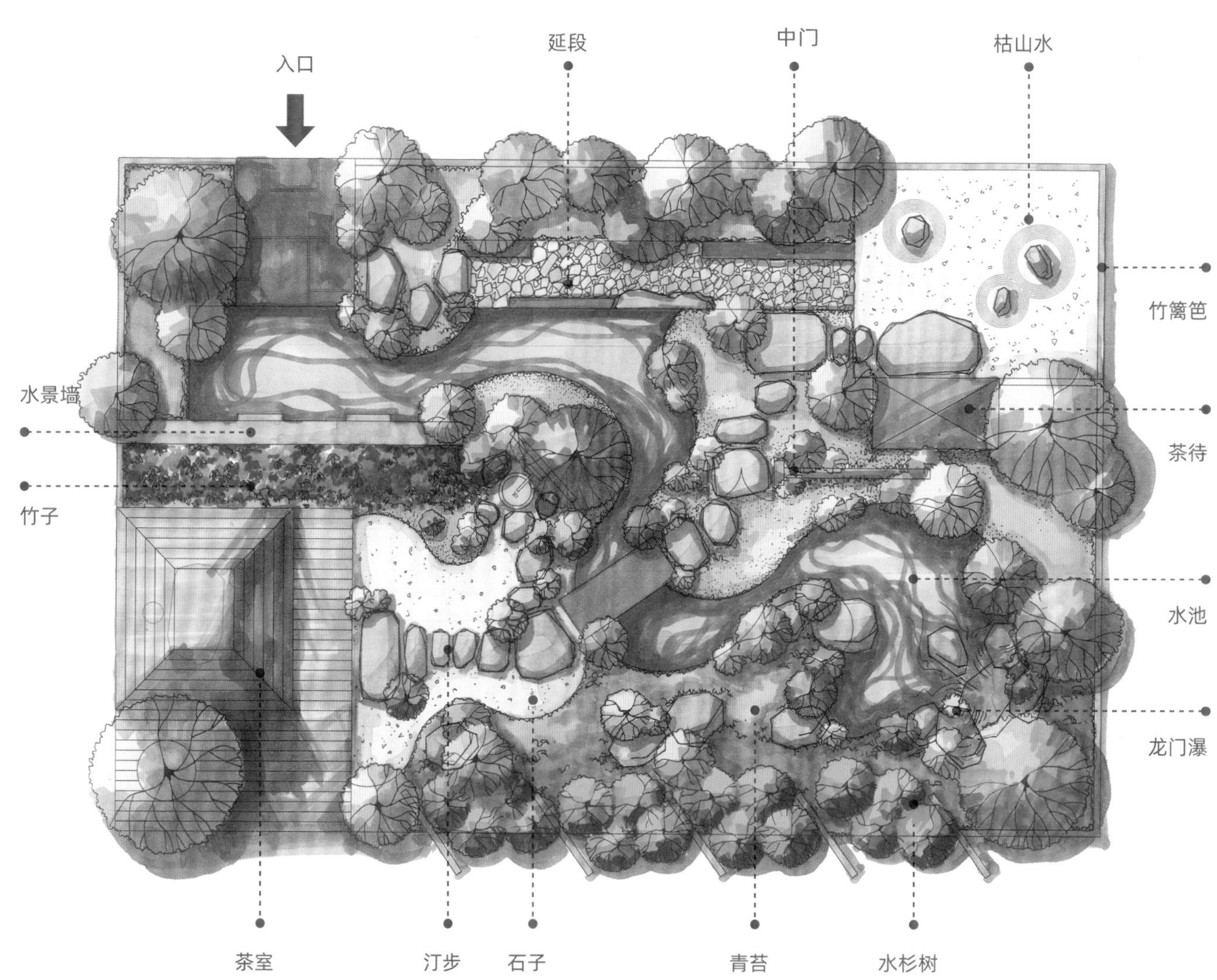

平面图

茶待：　等待主人的迎接同时可以观赏周边的树木、飞石等巧妙设计；

中门：　设于外露地和内露地之间的小门，是用竹子编制的简易门；

手水钵：盛放专门用于清洁手和口的水的盛器；

石灯笼：最早雏形是中国供佛时点的供灯，有“立式光明”的意思，随着佛教在唐朝传入日本以后，石灯笼的技术也经朝鲜传入日本，在日本得到大量应用。

杜鹃：　可以说是花园里最显眼的“色”，但同时也是色与空的一个交界，极尽绚烂，一如万火归一。

中门

外露地

内露地

手水钵

龙门瀑

造园记：禅意的人间烟火气

GARDEN MAKING

2020充满了各种意义上的不确定，无论是从世界花园大会的最终确定举办，抑或是室外花园展对施工现场的进度带来的多种因素的影响，但设计师往往最关心的还是花园最终呈现的本身，所以前期的工作就需要提早提上日程。

色丨空的一草一木的背后都有着山高水长的笔墨痕迹

- 花园中的菖蒲是设计师清明回家扫墓时，在山涧小溪中挖到的素材，然后全部运回杭州楼下的小院里养着，最后在海宁的世界花园大会现场得到呈现，一种植物，串联起了三个城市。
- 而在施工现场，也经常可以看到设计师亲自在铺青苔、种植物。
- 尤其青苔这种在花园中较难成活的植物，种植和养护都需要多加费力。
- 究极的工匠精神，以及花园背后旷日持久的岁月成书与人间烟火，让造园这件事情更显平和美好。

设计师寻找素材

园路铺装

水杉树搬运

水杉树种植

竹篱笆安装

叠石造景

入口效果

植物种植

THE HEALING GARDEN

花展项目：2020世界花园大会
花园面积：134m²
花园设计：俞啸锋

2020开年，一场突如其来的疫情，许多人一夜之间长大；一位时代巨星的陨落，许多人就此告别青春。于是许多人重新审视人生，对生活和生命有了更多的感悟，而我就是其中之一。花园中三个分离错位的空间过渡,就隐喻了从自我封闭隔离到治愈，再到最后重新回归社会回归生活的心路历程。

愈，疗愈的是心，是与自我的和解。愈，是走出花园的最后一重空间，迎面相遇的豁然开朗，莺飞草长一览无余植物的力量就在于此，世间美好与你环环相扣。

The sudden epidemic at the beginning of 2020 made so many people grow up overnight. The fall of a super star in our times announced the closure of the youth of so many. People reexamine their life and have more insights into it. I'm just one of them. The three transitioning spaces serve as a metaphor for the spiritual journey of being self-seclusion and isolation to healing, to the final return to the society and life.

Healing refers to the healing of our self-consciousness. Step out of the last space, and you will feel the enlightenment. That's the power of the plants. You'll be immersed in the beauty.

THE HEALING GARDEN

花园档案：所有柔软的生命

PANORAMIC VIEW OF THE GARDEN

2020年1月27日一早，一个信息瞬间引爆了朋友圈和微博等社交媒体：科比去世了！他可能是陪伴我们80后时间最长、记忆最深的一位球星了，整整20年职业生涯，恰好是我们开始活泼好动、各种模仿一直到成家立业之前的一段青葱时光。他走了，我的身体一部分也走了，代表着我们一代人的青春也宣告落幕。

恰好在那几天，由于疫情的影响，国内各个城市陆续出台管控措施，要求居家隔离，不出门。 每天宅家发霉的日子里，室内空间的压抑感、整个社会飘散的各种抑郁情绪和新闻铺天盖地而来。在整个社会都处在低压槽这样的环境中时，家里阳台的植物随着温度的升高，悄无声息地发出新芽出来。静静地观察那一抹翠绿的生命力，有感而发，也许园艺的疗愈力量就在此。

植物的生长力量

象征自然活力的流水

设计者说：一路等到清风徐来

INTERPRETATION OF THE GARDEN

错位分离空间

3个错位分离空间的过渡,隐喻从自我封闭隔离到治愈，再到最后重新回归社会回归生活的心路历程。

效果图

一些别有洞天

走过最后一重空间，你能看见并且抚触到象征自然活力的潺潺流水，顶天开的圆洞与流水的圆洞相互辉映，光线透过圆孔射下映入水面时，不用抬头你便能看到屋顶上自然生长的植物和蓝天相互交织出的一洞画卷。

生命的光

环环相扣

愈的花园言语

愈，疗愈的是心，今年有各种方方面面的事需要时间、空间去愈合、去修补。

也希望通过我展示的园艺的疗愈面，能给更多尚处疫情影响下的人们，重拾生活信心。

美好环环相扣

再往外走，便能领略到那豁然开朗，莺飞草长一览无余的自然万物之美。园艺的疗愈力量就在于此，世间美好与你环环相扣。

从封闭到治愈

草长莺飞，豁然开朗

造园记：如春日再来

GARDEN MAKING

“三个独立的空间，为什么会用木头来做呢？”

- 3个空间，12个柱腿，代表的就是12株大树。
- 每个空间顶面经过阳光洗礼之后投射下来的光束都有不同，其实代表的也是自然界中树荫底下的光影变化。细细体会，这也是另类的大自然感受。

打一个钥匙孔，推开世界的门

- 我原本的展示花园位置是在东侧另外一处位置，由于疫情影响，有展商来不了，我在开始进场施工前临时调整了位置。 原来黑色围栏板的背面位置又出现了一条游览的动线。
- 将计就计，在现场临时起意，让工人师傅在最内层的空间之下、黑色围板上抠出了一个钥匙孔的形状。透过这个钥匙孔，从内往外可以看到北侧展示花园恰到好处的框景；从展示花园外侧路径往里看，直面而来的是耐候钢的叶脉与各种大自然的叶色交织的一组画面。
- 耐候钢的锈蚀陈旧感之间透出斑驳的绿色，更能凸显绿色生命力的珍贵。

测量定位

主框架鸟瞰

种植区平整

地板龙骨铺设

地板铺装

外围植物种植

植物造型

“展示花园中，并没有具体设立某一类植物为主题植物，我这里想展示给大家看的是各种植物糅合在一起所迸发出的那种悄无声息的生命张力。”

· 乔灌木

所挑选的乔灌木基本以嫩绿色为主：必须是新叶刚萌发出那会儿的嫩绿色新芽时候的状态，更能表达植物的生机勃勃，给大家展示植物那种无声的生长力量之美。

· 形态与质感（下层植物）

1. 向上线性生长的植物构造下层植物的形态：柳叶马鞭草、赛靛花、大滨菊、千鸟花等；

2. 观赏草上选择的是蓝羊茅、细叶针茅等柔软、模糊质感的植物，两者互相交织种植形式，趋于野生环境的生长态势，让人更加放松。

· 色彩（下层植物）

1. 以白色为主基调，整个环境氛围让人可以舒服安静地坐下来欣赏；
2. 其间穿插一些蓝色、黄色的多年生宿根花卉与观赏草搭配在一起，调和整体色调，在向阳环境中大面积的白色不会显得太刺眼。

· 荫庇之下

1. 靠近三个空间内的环境之中，选择以耐阴宿根植物为主来展示荫庇环境内的植物力量（玉簪、吊钟柳、绣球、大吴风草、石菖蒲等）。
2. 在越靠近最内侧、最封闭环境之中，运用了大量的暗色系的铜叶美人蕉和紫叶烟树，来调剂大量绿、白色带来的活泼感。
3. 在这个环境之中，更能让人能沉静下来，感受周围的环境，以及顶上的光影变化。

RETURN

回归

花展项目：2020世界花园大会
花园面积：200m²
花园设计：蓝晓晴

设计灵感来源于意大利文学家伊塔洛·卡尔维诺的长篇小说《树上的男爵》。小说以传统叙事手法隐喻了现代社会里人的迷失自我、完整性丧失以及焦虑迷茫的生存状态，展现了现代社会中处于生存困境下的人类个体追求自我存在空间和价值的历程，表征着对文明社会的叛离和对原始生命野性的回归，启迪我们重新审视人与自然的关系，回归自然。

这座花园的设计想要提倡通过对意识生活设计景观的关注来与自然建立良好的、健康的，和平与繁荣。

The design inspiration comes from a novel" Baron on the tree "by Italo Calvino, an Italian writer. In the novel, the traditional narrative technique is used to metaphor the lost self, the loss of integrity and the living state of anxiety and confusion in modern society, and to show the process of human individual's pursuit of self existence space and value under the predicament of living in modern society. It represents the betrayal to the civilized society and the return to the wildness of primitive life. It enlightens us to reexamine the relationship between man and nature and return to nature.

The design of this garden wants to advocate: to establish goodness, health, peace and prosperity with nature by paying attention to the design landscape of conscious life.

关于设计师
ABOUT THE DESIGNER

蓝晓晴

中 国

回归线，阳光可以直射的最极限，它是天文意义上的一种基准，回归线之内，总有阳光普照。

设计师也有着自己的回归线，不一定像天文那样固定在某个纬度，却是设计师一直在秉持着的，属于自己闪闪发光的理念。

设计师蓝晓晴，上川（上海）景观设计有限公司、温暖里花园（Warm Garden）创始人。毕业于云南大学环境艺术设计专业，获得文学学士学位。2010年开始从事景观设计工作，2012年进入花园行业。

迄今为止，已经有了10年花园景观设计工作以及7年花园项目造园施工经验，在众多的私家花园、公共花园、花展花园设计建造，花园软装、花园设计咨询服务的项目积累下，她的回归线显而易见：去打造自然、生态、功能型的花园。

作品：

RETURN

花园档案：树上的男爵

PANORAMIC VIEW OF THE GARDEN

意大利文学家伊塔诺·卡尔维诺的长篇小说《树上的男爵》，讲述了成长在老式家庭的男爵因为与家人种种观念的冲突而爬上树过起远离现代社会的生活，叛离现代社会文明，回归原始生命野性建立起自己的理想国的故事。

这个故事也给予了设计师对于花园设计的思考，在现代科技文明高速发展，人们与自然生活逐渐隔离的时代，我们或许依旧可以通过对日常生活中景观设计的关注来回归与自然良好、健康、和平与繁荣的状态。

休闲区

入户区

设计者说：花园里的秘密生活

INTERPRETATION OF THE GARDEN

这是一个现代、自然、功能型的一座花园，满足现代人的户外花园生活所需，主打实用功能、参与性、可食用性、环保性、生物多样性、邻里性与可持续性。

鸟瞰效果图

入户区

- 防腐木地板、景墙、屏风，让出入户区形成相对私密又相对开放的空间。
- 沿着步行道，矮墙、围栏以及植物的围合使院子形成了相对私密状态。
- 当步行穿过这个围合空间时，你就会感觉到已经进入花园其中了。

入户区效果图

休闲区

- 娱乐休闲空间，创造一种平和安静的氛围，能容纳6人左右在其中休闲、交流。
- 草坪、水景、廊架、吊桌……营造了整个花园的休闲氛围。置身于花园中，享受花园时光的美好。

休闲区效果图

户外厨房区

- 通过休闲区，来到花园的户外烧烤区。
- 花园厨房空间有很多变化，从一块简单的地面铺装放置的区域，到制作精美的有着嵌入式的用具、台子和储藏的空间。
- 在这里人们可以与家人或好友体验户外烧烤的乐趣，怡然自得，好不惬意。

蔬菜种植区

- 园艺空间是花园中常见的一个实用区域。它可以是一个工作或消遣的空间，用来种植水果、蔬菜、花卉等，使人们感受到自由，令人放松。
- 为提升花园的互动参与性，设计师特意在户外烧烤区一侧设计了蔬菜种植区，花园即菜园，打造了一个可食性花园。

户外厨房效果图

造园记：七日回归之旅

GARDEN MAKING

此次花园的施工周期时间很短，面积有200平方米，但是时间只有7天。

作为展示花园，它需要在展期过后恢复原貌，因而在施工上有别于日常庭院的精工细作，主要通过标准化快速营造，实现花园呈现效果的同时也避免使用钢筋水泥。

休闲区施工

实用性与美观度的结合

- 从花园施工工作最开始的材料进场，施工放线，地形处理。到木制结构（围栏、廊架、坐凳、木地板、户外厨房、吊桌等）的安放，木结构的打磨上色，景墙垒砌，水景工作。再到最后的植物进场，植物搭配，装饰品摆放，场地清理，最终呈现出的是一座实用性与美观性结合的自然花园。

木结构打磨上色

木地板铺装

材质、色调与植物的鸣奏

设计师的植物清单

· 花境：紫娇花、熊猫堇、红花酢浆草、绣球、丝兰、龙舌兰、超雾草、芙蓉菊、西洋滨菊、风车茉莉等；

· 乔木：金叶皂荚、樱花、山楂等；

· 灌木：金禾女贞、小木槿、冬青先令、直立冬青、金宝石冬青、六道木、麻叶绣线菊、欧洲黄杨塔等；

· 水生植物：鸢尾、水葱、旱伞草等；

碎石垫层

- 在进行坐凳施工时，为了整体美观和精致的效果，一些包边细节处理也是选择美观为主的施工做法制作。
- 在进行木制结构的选色上面，我们也是挑选了多种颜色，因为这个花园的主体构筑都是木制，那么颜色的选择这就很重要，不仅需要与花园背后的房建筑相搭，还需要与周边场景以及植物搭配融洽，在进行多次比对，多次挑选后，最终敲定运用灰色系列。围栏、廊架，以及户外厨房使用的是浅灰，同时也为了色彩对比，地板用的是深灰。
- 在木地板的设计上，设计了一处浅灰鱼骨拼，很有意思。

植物进场

植物种植

原野里席地而坐

- 在入户区设计了一处木制装饰隔断，主要目的是为了使花园不会一览无余，体现花园的空间和层次感。坐凳下增添了原生态的柴火进去，配置火盆，微风习习吹来，坐凳背后的蓝杆芒轻轻摇曳，水流声敲击着鹅卵石，仿佛真的置身于原野中。
- 水景的水源下挖了一个大坑，放置了一个水缸，池底配上漂亮的鹅软石和可爱的小刺猬，倚靠着交错的景墙，绿色的植物点缀着，形成了一处很有意境的水景。

花园水景

- 廊架下放置了一张吊桌，吊桌保持自然的原木色调，它的中间刻意凹了一个槽出来，放置多肉，配上六张文艺范儿的淡绿铁艺休闲椅，顶上灯光均匀地打在桌子上，暖光柔和地洒在萌萌的多肉植物上，远处看来，甚是温馨。
- 户外厨房由可移动式菜箱、树池、坐凳、户外烧烤台组成，功能性很强，也很具有实用性。菜箱的放置增添了互动性和趣味性，旁边坐凳上贴心放置了户外座垫，坐凳下和户外烧烤台下均设计了储物空间，特别实用。

吊桌

不可或缺的资材应用

设计师的资材清单

石英砖（地面铺装）、寒武墙石、防腐木、洞石、砾石

致回归

- 花园应该是一处让人放松和享受的地方，自然气息带给人的感觉一直是亲和惬意的。在现如今节奏快的城市里，我们也想通过这座花园，让更多为了工作而繁忙的人们，能够在花园中，感受自然，享受生活。回归内心的平和、有爱！

回归内心的平和、有爱

THE BEAUTY OF LAKE & MOUNTAIN

湖山之美

花展项目：2020世界花园大会
花园面积：196.5m²
花园设计：姚益慰

营造手法：

绿水逶迤，青山相向，山水为邻，诗意栖居；
择山水胜景，借山水之美，构泉石之妙；
体现 “幽、雅、闲” 的意境。

营造目的：

表达浙江人民对绿色美好生活的共同向往与追求；
表达浙江人民对自然山水的尊重、顺应与感悟；
体现浙江人民与自然和谐共处。

The construction technique:

the green water meandering,
the green hills facing each other,
the landscape is adjacent,
poetic dwelling;
Choose the landscape,
borrow the beauty of the landscape,
the construction of spring stone wonderful;
Reflect the artistic conception of "quiet,
elegant and leisure".

The objective:

to express the common yearning and pursuit of
zhejiang people for a green and better life;
To express zhejiang people's respect,
adaptation and understanding of the natural landscape;
It reflects the harmonious coexistence of
zhejiang people and nature.

关于设计师

ABOUT THE DESIGNER

姚益慰

中国

· 杭州“壹生造园景观设计工程有限公司”设计总监；

· 设计以简约风最为擅长，去繁就简，让整个庭院不仅呈现更深内涵也呈现最佳舒适状态。设计与施工细致之处的用心考量，才能赐予每一处景观更深内涵。

参与完成作品

· 2019世界人居环境景观产业博览会室内造景；

· 2010《越乡人家》第二届中国绿化博览会特等奖；

· 2021世界园艺博览会嘉兴园；

· 第二届中国绿化博览会浙江园；

· 参与完成百余个私家花园项目。

酒店项目

第二届中国绿化博览会浙江园

2019世界人居环境景观产业博览会

私家花园

私家花园

沈 洁

中 国

本次施工由壹生造园总经理沈洁带领团队经过96小时的奋力追赶打造完成，壹生造园专注于高端私家别墅花园、楼盘别墅样板、高端酒店、会所、企业总部、主题展园的设计、施工与养护服务。

参与完成项目

· 2019世界人居环境景观产业博览会室内造景；
· 第二届中国绿化博览会浙江园；
· 第三届中国绿化博览会浙江园；
· 第四届中国绿化博览会浙江园；
· 参与完成百余个私家花园项目。

第三届中国绿化博览会浙江园

第三届中国绿化博览会浙江园

私家庭园项目

私家庭园项目

私家庭园项目

私家庭园项目

THE BEAUTY OF
LAKE & MOUNTAIN

花园档案：新浙派园林

PANORAMIC VIEW OF THE GARDEN

传统浙派园林依托浙江美丽的自然山水，深厚的文化底蕴，湖山的生态环境，通过其独有的“行山、理水、起地”的手法，形成“包容大气、生态自然”的浙派造园手法，“西湖”是其风格特色的最佳表现。

而湖山之美背后的新浙派园林，更多的是依托传统浙派园林“行山、理水、起地”的传统技法，造园的总体骨架以传统浙派园林自然山水为大背景，结合当前浙江“富于冒险，开拓进取”的创新精神，融入现代简约的设计表现形式，营造出自然简约的山水园林。

花园内景

花园鸟瞰

设计者说：人生初见，春和景明

INTERPRETATION OF THE GARDEN

浙江的初见属于湖山，山水画中最爱的主题，一处留白几笔远处就是谁家今夜扁舟子，一个侧笔行锋一处皴擦就是一片山回路转。

造园同样是写意，在这个花园中，设计团队依托浙派园林的“行山、理水、起地”手法，特选石料堆叠假山、主峰、次峰、配峰，舍弃磅礴气势，体现自然柔和的浙江丘陵景观，其次通过花卉的点缀，以最简约的方式，最大化地呈现地形本身线条美。

- 择山水胜景，借山水之美，构泉石之妙。
- 这些无一不呈现我们对浙江秀丽山水的美好初见。
- 走进小园，绿水逶迤，青山相向。
- 与山水为邻，处处都是诗情画意。
- 一如人生初见，春和景明。

花园鸟瞰效果图

效果图一

效果图二

效果图三

效果图四

造园集：探春

GARDEN MAKING

96小时的日与夜

- 花园的建设耗时96小时，96小时的奋力追赶最终完成了山水人间。
- 基于7天展期之后花园就得撤除，所以团队在保留传统的基础上进行化繁为简，项目施工上也有别于传统庭院精细模式，抛掉钢筋水泥规范手册，创立一种新型施工流程。

围墙搭建

碎石铺垫

资材入场

叠石造景

图6-126 隼牟结构门头制造

水景底板施工

水景试水

传承与迭代

新浙派的代表庭院，小院子的施工在尊重自然的前提下，随着时代更迭，呈现独特的城居山水画卷。

石墙：采用素雅色调的石材贴面，保留传统石墙肌理；

门口：采用了传统木作技法的原木榫卯结构，没有动用一个钉子；

石柱：高低错落，疏密有致，形成通透有序的围合休憩空间；

茶亭：择水而建，颠覆传统古味风格，纯白纵横精简框架结构呈现，营造“观山水，品茗醇”的现代自然空间；

配植：选自然飘逸柔美植物，不强调人为选型，拟造纯正自然环境。以满目苍翠的绿色及观叶植物为主，地面的多肉植物与山石相依，唯独处于山石之间的杜鹃格外鲜艳，与周边环境产生对比，更显一种独具春日韵味的雅致。

景观亭

门头

户外家具

LITTLE YEADA'S GARDEN

小意达的花园

花展项目：2020世界花园大会
花园面积：80m²
花园设计：王 荷

花园设计截取自安徒生童话《小意达的花儿》，以孩童为对象，营建了儿童手工与画画、玩耍和休憩3个小的活动空间，以花境式花园为特色，以朱顶红、芍药、鸢尾和落新妇为基调，形成粉紫白的花园色彩主题，通过竖线条和水平线条植物材料的应用，营造一个色彩、形态、种类丰富的孩童花园。

花园由苏州农业职业技术学院教师和学生共同设计施工，是植物应用类课程的教学成果，朱顶红和鸢尾，也是苏州农业职业技术学院科技成果的代表种类。

The garden design is taken from Andersen 's fairy tale "The Flower of Little Idea", with children as the main objects, and 3 small activity spaces, i.e. hand-painting and painting, playing and resting for children are built. Featuring a flower-style garden, with Hippeastrum rutilum, Paeonia lactiflora, Iris hybrids 'Louisiana' and Astilbe chinensis as the keynote, a pink and purple garden color theme is formed. Through the application of vertical and horizontal lines of plant materials, the children's garden with rich colors, shapes and variety is created.

The garden is designed and constructed by teachers and students of Suzhou Polytechnic Institute of Agriculture. It is the teaching achievement of plant application courses, since Hippeastrum rutilum and Iris hybrids 'Louisiana' are representative types of scientific and technological achievements of Suzhou Polytechnic Institute of Agriculture.

关于设计师

ABOUT THE DESIGNER

王荷

—

中国

2009年的夏天，结束了在北京林业大学7年学习的王荷，怀揣着做一名老师的梦想，成为了苏州农业职业技术学院园林工程学院的一名普通教师。

从教11年，王荷坚持树木树人的初心，更深感作为植物应用类课程教师的责任，积极实践，努力成长，并在2018年被评为苏州市优秀教育工作者。

设计/指导作品

· 2014年全国第八届花卉博览会江苏园植物景观设计
· 2016年土耳其安塔利亚世园会中国华园植物景观设计
· 2017年全国第九届花卉博览会江苏园植物景观设计
· 2021年全国第十届花卉博览会江苏园植物景观设计
· 2020年全国第四届绿化博览会江苏园植物景观设计

荣誉

· 2014年第八届全国花卉博览会野花组合金奖
· 2017年全国首届花境竞赛银奖
· 指导学生项目“花园4S店•私人庭院景观定制”获得2017年度江苏省·高等学校 大学生创新创业训练计划银奖
· 2018年首届江苏省组合盆栽比赛银奖

作品展示

苏州农业职业技术园林技术馆南侧花境

苏州农业职业技术园林技术馆南侧花境

苏州农业职业技术园林技术馆南侧花境

苏州农业职业技术学院园林技术馆一层平台花境

第八届全国花卉博览会江苏园植物景观

第八届全国花卉博览会江苏园植物景观

第八届全国花卉博览会江苏园植物景观

第八届全国花卉博览会江苏园植物景观

LITTLE YEADA'S GARDEN

花园档案：每一株植物的灵魂

PANORAMIC VIEW OF THE GARDEN

花园的设计截取自安徒生童话《小意达的花儿》，在孩童的世界中，每一株植物都是有灵魂、有生命的，它们会在夜间在国王的花园里举办只有花儿的舞会，它们的灵魂会在明年再次苏醒，奔赴孩子们的期待。

童话世界赋予人以生机、希望和想象，花园更是不负每个怀揣着美好童话的心的等待。

花园内景

花园鸟瞰

设计者说：与幼时美好记忆的再重逢

INTERPRETATION OF THE GARDEN

每个孩童都是花园的精灵，在花园里嬉戏玩耍的过程中心里会开出自然幸福的花。正如《小意达的花儿》童话的结束，虽然花展的时间很短暂，但它让我们对花园生活充满了期许，是孩童与自然的深深链接，是成人与幼时美好记忆的再重逢。

花园效果图

花园里的孩童，色彩与空间

孩童：花园以孩童为主要的使用对象，营建了儿童手工与画画、玩耍和休憩3个小的活动空间。

花境：以花境式花园为特色，利用小乔木、灌木结合花箱等形式构建花园的边界、立面高度和空间，同时利用这些植物材料的形态、色彩和质感形成花境和小品的背景。

基调：考虑花卉展览的时间节点，以朱顶红、芍药、鸢尾和落新妇为植物基调，形成粉紫白的花园色彩主题。应用草本花卉多样的观赏特性，营造一个色彩、形态和植物种类丰富的孩童花园。

再利用：花园的小品为废弃家具再利用，包括孩童的桌子、双台床等。

花园中的参观者们

亲子时刻

鸟瞰效果图

花园功能：孩子的创意空间

双人床：花园的主景，是废弃家具的再利用，是孩子发挥创新思维的空间，可以让孩子有n+1种玩耍的方式，看星星、树屋、攀爬、野餐、过家家、花园午睡。利用双人床下层的框，形成了一个孩童视线高度的框景。

沙坑：没有一个孩子不喜欢玩沙，和双人床一起构成花园玩耍的动空间。亦可在黄昏的时候转换为烧烤空间。

画桌：放置于木平台上的画桌是孩子手工、画画的区域，涂鸦、拓印，描绘心目中的花园和自然。

躺椅：在树下的阅读，感受“我的小小花园”，亦可在阅读时随手采摘菲油果、蓝莓。

自然教育的体验：在花园中孩子可以聆听自然的声音，虫鸣鸟叫；可以光着小脚丫在白色卵石、沙坑、树皮、木平台上感受不同材质；可以用手触摸不同的花、叶、果实，例如观赏草兔尾巴、如绵羊毛的绵毛水苏；可以嗅吸来自树叶、花朵的气味；可以实践，浇水、播种、施肥、种花。

双人床

造园记：孩子知道设计的答案

GARDEN MAKING

“小意达的花园”是孩子的花园，孩子的尺度，孩子的视觉，孩子的活动，但也有给成人的活动空间和趣味；“小意达的花园”是可复制的花园，希望通过花园大会的展示，分享花园设计的一些思路，花园的局部设计和植物搭配可以成为蓝本，带来一些触动。

花境式花园

主题植物：满满都是爱

- 焦点植物为朱顶红和鸢尾，是苏州农业职业技术学院作为“苏农一枝花”的科研成果。
- 作为一个孩童花园，植物首先是对孩子安全的，主要从食用（菲油果、蓝莓、无花果），触感（绵毛水苏、兔尾草）、形态（棒棒糖造型小花木槿，圣诞树造型小丑火棘、黄杨、红豆杉、月桂、茛力花、鸢尾、毛地黄）、香味的寻找（紫花含笑、络石）等切入。
- 花园里有设计师作为妈妈对女儿的爱，其中有2个小的内涵。一个是应用了琼花，欧洲木绣球和雪球荚蒾，来自小女儿最喜欢的动画片《冰雪奇缘》中的歌曲“Do you wanna build a snowman”，另一个是芍药，这是中国传统的爱情花卉，是妈妈对未来长大的女儿的祝福和对研究生导师的致敬。

植物细节

设计师和参与施工的学生们

孩子的设计物语

- “小意达的花园”由苏州农业职业技术学院教师和学生共同设计施工，是植物应用类课程的教学成果，感谢我可爱而努力的学生们，喜欢他们绘制的虫儿。
- 精益求精的施工团队，我们做到了材料购买，种植的每一个环节的把控，每一株植物的位置和朝向都做了认真的考虑和实施，所以经常有重新调整的情况，一天风，一天晒，一天雨，穿雨衣的我们也是花园中最美的风景之一。
- 花园设计施工完成后，我的女儿来到了花园进行评测，观察着她在花园中的活动，她带给了我更多的惊喜，原来花园的功能还有我没有发掘的部分。
- 花园展出的7天，作为设计师的我一直在现场，我被深深感动者，因为孩子知道设计的答案！

植物入场

植物种植

第七章

序曲

下一个开始

—

WHAT'S PAST IS PROLOGUE

7.1 他们的花园回响
GARDENS ON THEIR EYES

展会里的展示花园与日常生活相见的私家花园有着时间、空间等诸多尺度的区别，展示花园有着更少的限制更多的余地来实现那些天马行空，而碍于展会时间的限制，我们能够见证它最完美的一刻，却无法跟随它们的春夏秋冬。

展示花园是某种程度上对未来私家花园的先声夺人，人们通过展示花园发散出新的灵感，发掘自家花园新的可能，还有一些展示花园在展会结束之后被花园买主带回了家，或者是捐赠给社会上的福利机构，去发挥着更大的作用。

而在参与展会的设计师与我国的花园相关从业者中，展示花园于他们而言又会产生怎样的花园回响呢？

（1）在国际花园设计师的眼中，在中国参加花展打造展示花园的感受是全新的截然不同的体验。

· Helen Basson 粤港澳大湾区·2019深圳花展都市森林设计师 （见062页）

Thank you for letting us be a part of the very first Shenzhen Flower Show. It has been a real honor to be a part of such a well organised and dynamic show.
感谢大家能够让我们参与到第一届深圳花展中，能够成为这个组织有序且充满活力的花展的一部分我们感到非常荣幸。
We know it will grow and go from strength to strength over the coming years.
相信在接下来的岁月里它必定更加强大，走得更远。
It is without a doubt the most beautiful setting we have ever had the privilege to work in. So thank you again from the bottom of our heart.
毋庸置疑这是我们所有工作经历中环境最美的一个，所以再次衷心感谢能够拥有这样的经历。

· Christopher Edward 粤港澳大湾区·2019深圳花展 海派南洋设计师（见050页）

By far, the best botanical garden I've been to. SFS made it more iconic and attractive among garden lovers not only in china but the entire world. It was an awesome experience for me and the entire team to be part of this magnificent event, looking forward to be back next year.
这是迄今为止我所去过最好的一座植物园，深圳花展则使它在全国乃至全球的园艺爱好者中更具有标志性，也更富有魅力。于我而言这是一次极其不一般的经历，我们整个团队都参与到了这一次伟大的创举之中，希望明年能够再次参展。

· Matt keightley 2019世界名花展法式花园设计师（见162页）

The Wuhan World Garden show has been incredible introduction into the Chinese Design world thanks to ithe entire team at Hongyue. There is always something thrilling to put design ideas out there for the world to see and I can't think of a greater platform to do so than in amongst the superb designers i worked along side.
武汉花展是我们了解中国花园设计环境的绝佳平台，感谢虹越整个团队作出的努力，总是有一些激动人心的事物让我迫切地想把脑海里的设计想法变成现实让世界看到，而且我想不到比与超群的设计师一起共事更好的平台了。
Show gardening provides opportunity to try exciting new concepts and deliver gardens for a huge audience to enjoy, which is one of the reasons i feel privileged to have been invited to design a garden here in Wuhan.
展示花园让设计师们拥有更多机会去尝试那些有趣的新概念，让成千上万的观众能够享受其中，也是因为这个原因，我满怀荣幸地接受了世界名花展的邀请。

（2）展示花园的热潮的背后是花园爱好者群体的兴起。正如在国内花园从业者眼中，中国的私家花园有着生气勃勃的新气象。

（注：以下采访摘自《2020中国私家花园消费状况年度报告》的前期采访内容）

· 玛格丽特·颜　《花也》主编

国内是从2000年左右才开始出现私家花园这个概念，在2014~2015年间有了相较以往比较快速的发展，但也只是相对而言，称不上迅速，优秀花园的案例也比较少。

现在国内的花园市场还存各种各样的问题，新兴的市场碰上新兴的互联网时代，人们对流量的追捧往往会导致真假信息的混淆，许多流量大咖可能甚至对这个行业一无所知，这就会导致大众错过真正有效的信息，从而对花园缺乏真正的理解，所以我们需要输出正确的行业价值观，以各种各样的方式作出正确的引导。

当然我们的私家花园非常值得看好，因为经济好了，人们有钱了，就会有一部人去追求精神文明；私家花园生活作为一种非常健康的生活方式，希望更多的人关注，花园可以让你疗愈，让生活变美，让你不再抑郁，整个市场会越来越大。

· 夏宜平　博士、教授、浙江大学园林研究所所长

在国内谈起花园往往会与园林混为一谈，园林主要是为了满足人的各种活动要求的场所，因此需要有硬质铺装，亭台楼阁等，植物只是其中之一的要素。而花园以植物为主角，种植花草树木为人欣赏，供游玩休息的场所，可游可赏且包含一定的艺术创作，以此为标准来看的话，国内真正的花园相当少。

花园产业有着广阔的前景，人们希望能享受到更多真正意义上的花园。传统园林随着城市建设已逐渐饱和，很难有空间、有条件去做，而小桥流水、亭台楼阁和各式铺装在城市公园等绿地环境中都很常见，很难受到当代年轻人的欢迎。

所以，从庭院到花园是一个非常好的发展方向，但仍需要一定时间的过渡，人们的审美、消费习惯正在发生变化，将会越来越青睐自然，青睐花园。

引导公众喜爱花园，热爱生活，提高美学素养也是非常重要的，可以举办一些花展花事活动来吸引更多的人参与其中。

· 张小平　莫奈花园

在2008年我当藏花阁《邻家花园》版主的时候一个帖子就有100万的浏览量，花友每天晚上在电脑前互相分享花园体验，这是我们的花园基础。我们现在还没有把花园融入到生活的高度。也还没达到像欧美国家那样大家都在玩花园、享受花园的状态。其实国外的住房状态并不一定像中国好，也没有那么多漂亮的阳台，但他们就是有办法实现自己的花园梦想。这是因为一方面我们缺乏新的、合适的植物，比如长在中间层次的花苗，另一方面是审美水平亟待提升。

虽然中国花园的整体水平还不够，花园生活理念也比较落后，但这是随着社会经济的发展而提升的，要慢慢来，不用过度干涉，要自然发展。

· 郑既枫　花园集创始人

目前我们落后了欧美国家至少几十年，主要是没有花园文化氛围。

去追赶，一方面是展会，这在国内已经有了较大的发展；其次政策的引领，比如美丽乡村的改造，农业园区的花园引入，类似花园民宿的商务型花园，可以起带头作用，促进整个花园产业。目前低端社区花园还处于一种普通的园林绿化状态，所以有一些工会组织在打造社区花园。同时花园相关的培训也有一定的作用。

花园行业中，设计师更具有引领作用，当设计师给业主呈现出一个好的作品时，会激发业主的消费欲望，如果看到小区里有比较好的花园，会有一种跟风现象，从而带动整个行业的提升。

7.2 还待延续的未来故事

THE FUTURE ON THE CORNER

整个花园行业就像是无数人在参与描绘的千里江山图，你一笔我一画地进行传递。我们用了这么多的时间，总算能够骄傲地说，终于给这幅画卷开了一个头，我们热切地期待下一笔的色彩，下一卷的盛景。它也像一场盛大的管弦乐表演，乐手、指挥与观众相互配合，指挥家朝观众鞠了躬，钢琴家准备按下第一声琴键，小提琴家等着随后拉下第一声弦，观众准备沉浸其中，准备幕间起立鼓掌，我们随时准备迎接第一声回响。

那美好的仗我已经打完了，耶稣这么说。

但花园这场美好的仗还只是个开始，我们还有太多的路要追赶，我们还有太多的风景没有看过，这个行业就像游乐园，随时都能冒出惊喜。就像2021年的世界花园大会必然期待的同时，更多花展在蓄势待发，也会有更多的新鲜在未来如雨后春笋显现。还有太多还待延续的未来故事，我们既是其中的参与者，也是最忠实、最苛刻的观赏者，不论是何种身份，我们都在为此期待。